普通高等教育"十二五"规划教材·油气储运工程专业

管道瞬变流动分析

包日东　　主　编

冯颖　郝敏　张金萍　副主编

中国石化出版社

内 容 提 要

本书根据油气储运工程、石油工程和石油机械工程等专业对管道输送瞬变流动知识的需要而编写，结合非恒定流体力学和相关专业的特点，从解决流体管输实际工程中所涉及的瞬变流动问题出发，着重阐述瞬变流动的基本理论、分析求解方法及其工程应用。内容包括管道的瞬变流动过程、输流管道刚性水柱理论、输流管道弹性水击理论、波动法、特征线法、边界条件、管网工况计算、管道水击控制等。

本书可作为石油化工高校油气储运工程、石油工程和石油机械工程等专业的本科和硕士研究生教材，也可作为石油工程技术人员的参考用书。

图书在版编目（CIP）数据

管道瞬变流动分析／包日东主编．—北京：中国石化出版社，2015.1
普通高等教育“十二五”规划教材
ISBN 978-7-5114-3144-8

Ⅰ.①管… Ⅱ.①包… Ⅲ.①油管-管道流动-分析-高等学校-教材 Ⅳ.①TE973.1

中国版本图书馆 CIP 数据核字（2014）第 304186 号

中国石化出版社出版发行
地址：北京市东城区安定门外大街 58 号
邮编：100011　电话：(010)84271850
读者服务部电话：(010)84289974
http://www.sinopec-press.com
E-mail:press@sinopec.com
北京科信印刷有限公司印刷
全国各地新华书店经销
*
787×1092 毫米 16 开本 8.75 印张 207 千字
2015 年 1 月第 1 版　2015 年 1 月第 1 次印刷
定价：22.00 元

前言

PREFACE

《管道瞬变流动分析》是油气储运工程、石油工程和石油机械工程等专业的主要课程之一。本书从解决石油管道输送过程中的瞬变流动问题出发，阐述瞬变流动的基本理论、分析求解方法及其工程应用。

在本书的编写过程中，力求反映近年来国内外管道瞬变流动领域内的新理论、新技术，着眼于工程实际和应用。其主要特点是，强调计算机编程技术在管道瞬变流动中的应用，提供了大量用于编程的计算程序框图，方便读者进行编程练习。

本书主要内容包括管道的瞬变流动过程、输流管道刚性水柱理论、输流管道弹性水击理论、波动法、特征线法、边界条件、管网工况计算、管道水击控制等。

在学习本课程前，学生应具备高等数学、工程流体力学、泵与压缩机、工程热力学、计算机编程语言等课程的基本知识。

全书由包日东主编，冯颖、郝敏、张金萍参与书中部分章节的编写工作。

本书在编写过程中，得到了许多高等院校的大力支持和帮助，谨表示诚挚的感谢。由于编者水平有限，书中难免存在不妥及至疏漏之处，恳望读者批评指正。

目录

CONTENTS

第1章　管道的瞬变流动过程

管道的瞬变流动，是指压力管道中的流动参数(压力、流量、密度等)随时间变化的流动，属于不稳定流动(或非定常流动)。本章主要阐述有压管道瞬变流动的发生过程、压力波的传播速度及瞬变流动中的摩阻损失计算等相相关问题。

1.1　管道的瞬变流动过程

1.1.1　水力瞬变的概念

水力瞬变或瞬变流动，又称水力过渡、水锤、水击，是一种当管道中的流量(流速)发生急剧变化时，引起压强的剧烈波动，并在整个管长范围内传播的现象。

压力管道中任一点的流速和压力仅与该点的位置有关，而与时间无关的流动称为稳定流动，反之称为不稳定流动或瞬变流动。瞬变流动是流体从一种稳态流动过渡到另一种新的稳态流动时的过渡状态。在实际的流体输送过程中，管内的流动参数不会保持绝对的稳定。可以说，在管输过程中，瞬变流动过程是普遍存在的，而稳定流动只是流动过程的特殊状态。为了简化计算，人们把运动参数随时间变化较小的流动作为稳定流动处理。故可以认为正常情况下的管输过程基本上是稳定状态。

管道输送能力发生变化(流量变化)的过程，会在管内引起瞬变流动，产生瞬变压力和压力波的传播。这种管内流量的突然变化也称为在管内产生的扰动。发生流量突然变化处称为扰动源。这种瞬变流动习惯上也称为水击过程，瞬变压力称为水击压力。管道瞬变流动过程中，瞬变压力的大小和沿管道的传播规律与流量的变化量、流量变化的持续时间、管道长度、稳态时的水力坡降和调节、保护措施等有关。在输流管道的设计和管理工作中，计算和掌握管道的瞬变流动规律，可以合理确定设计壁厚的安全系数，降低工程投资；可以为瞬变压力的控制提供参数，并可为管道系统的调度管理提供科学依据。

随着新工艺和新技术的发展，工程中瞬变流动问题的重要性和复杂性日益突出，现已发展成为一个专门学科。为了提高流体管道的设计、管理水平，深入掌握流体管道的瞬变流动规律是非常必要的。

1.1.2　管道系统产生瞬变流动的原因

管道系统的流量突然发生变化的过程中，就会在管内引起瞬变流动。管道流量变化量越大，变化时间越短，产生的瞬变压力波动越剧烈。引起管道系统流量突然变化的因素很多，基本上可分为两类：一类是有计划地调整输量或改变输送流程；另一类是事故引起的流量变化。

有计划地调整管内流量，如启(停)中间泵站、泵站启(停)泵、泵机组调速，有计划地改变输送流程(如管道首、末站倒换油罐，管道分支线路的启、停)等都会引起管内的流量波动。对此可以人为地采取措施，控制流量的变化过程，使产生的压力脉动处于管道系统的允许范围内。如启、停泵时控制开、关泵出口阀门的过程，其作用之一就是靠泵出口阀门的节流，控制启、停泵产生的流量变化速率。顺序输送管道，两种油品的交替过程也会在管内产生瞬变流动。

事故工况会引起流量变化。如泵站突然停电造成某中间站全部泵机组同时停机，泵机组因机械故障或保护设施动作造成一台机组停机，调节阀动作失灵误关闭等都会造成管道的流量减小；管道泄漏也会引起流量变化。事故状态管道流量变化的剧烈程度，取决于事故本身的性质。如果压力变化引起的瞬变压力超过管道允许的工作条件，就需要对管道系统采取相应的调节与保护措施。

1.1.3 压力波在管道中的传播过程

如图 1-1(a)所示，管内稳态时的流速为 V_0，各点压力为 H_0。当末端阀门瞬间关闭后，靠近阀门上游处流体的流动受阻，其动能转变为压能，阀门上游侧压力增加 ΔH。在瞬变压力 ΔH 的作用下，靠近阀门处的流体受到压缩，管壁发生膨胀。停止流动的液体又会阻碍后续液体的流动，并重复上述过程。这种压力变化以波的形式沿管道向上游传播，一直传播到水库出口(管道上游边界)。此时，管内液体的速度为零，处于静止状态。管内液体都受到一个增压水头的作用，这种情况的压力波称为增压波。压力波的传播速度为 a，增压波从阀门传到水库出口的时间为 $t=L/a$。

当增压波传到水库出口处时，由于水库的液位是不变的，水库出口处液体的压力处于不平衡状态。在瞬变压力 ΔH 的作用下，管内流体又以流速 V_0流向水库。管内压力减少一个 ΔH，恢复为 H_0。这种压力减小的压力波称为减压波，见图 1-1(b)。这种过程持续过后，减压波又传到阀门处。此时，管内压力恢复到关阀前的状态，但管内液体流向水库，流速为 $-V_0$。在这个过程中，减压波经历的时间为$\frac{L}{a}\leqslant t\leqslant\frac{2L}{a}$。压力波在水库出口处的变化过程称为压力波的反射。这种将增压波反射为减压波的过程称为开端反射。

减压波到达阀门处后，由于阀门已关闭，阀门处没有液体可以维持液流的反向流动，使得阀门处的液体进一步膨胀，液体压力在 H_0的基础上再降低 ΔH，管壁产生收缩，阀门处的液体停止倒流，如图 1-1(c)所示。此过程沿管道向水库方向重复进行，一直到减压波传到水库出口处。此时，管内流体又处于静止状态，管内压力为 $H_0-\Delta H$。这个过程传播的时间为$\frac{2L}{a}\leqslant t\leqslant\frac{3L}{a}$。此时在阀门处压力波的反射称为闭端反射。

减压波到达水库出口处时，管内压力比水库液面低一个 ΔH，在 ΔH 压差作用下，液体又以 V_0的速度从水库流入管道，同时使入口处管内压力增加 ΔH，恢复到 H_0。随增压波向阀门处传播，管内液体自水库出口依次恢复为稳定流动时的状态，如图 1-1(d)所示。此过程压力波传播持续时间为$\frac{3L}{a}\leqslant t\leqslant\frac{4L}{a}$。当 $t=\frac{4L}{a}$时，压力波到达阀门处，瞬变过程完成一个周期，管道中各点处的压力变化情况见图 1-2。

1.1.4 基本概念

(1) 首相：从 $t=0$ 瞬时到 $t=2L/a$ 瞬时称为水击的首相或第一相。

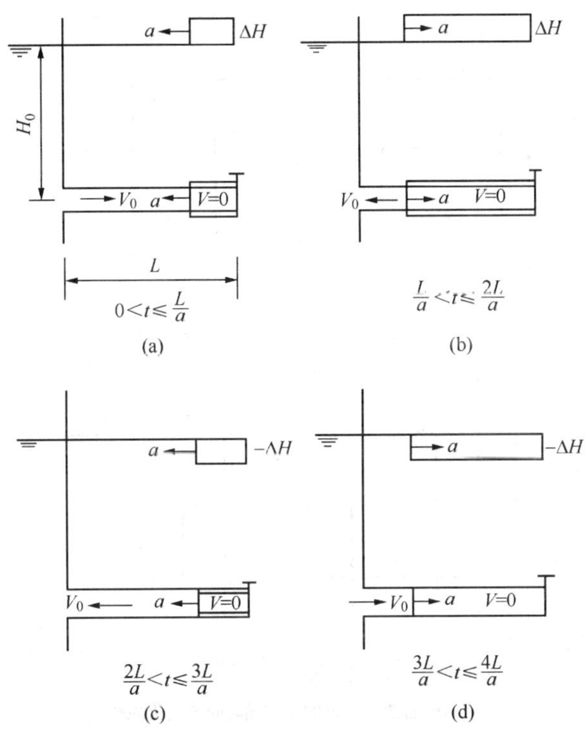

图 1-1　阀门瞬时关闭后一个周期内管内压力的变化过程

(2) 末相：从 $t=2L/a$ 瞬时到 $t=4L/a$ 瞬时称为水击的末相。

(3) 水击相长：水击波经历一个相所需的时间，用 T_r 表示，$T_r=2L/a$。

(4) 水击周期：首相与末相之和为水击波的周期，$T=4L/a$。

(5) 直接水击：阀门关闭时间 T_s 小于等于一个相长($T_s \leqslant T_r$)的水击。

(6) 间接水击：阀门的关闭时间大于一个相长($T_s>T_r$)，即阀门尚未完全关闭，从上游反射回的反向波已传到阀门处，则阀门处的水击压力尚未达到最大值就被反射波抵消了一部分，这种水击称为间接水击，间接水击在阀门处的最大水击压力小于直接水接。

(7) 正水击与负水击：当阀门迅速关闭时，管中流量急剧减少，压力显著增大，称为正水击；当阀门迅速开启时，管中流量迅速增大，压力显著降低，称为负水击。

1.2　水击波传播速度

1.2.1　水击波在薄壁管道液体中的传播速度

(1) 不考虑边界弹性时，弹性波在连续介质中的传播速度为：

$$a_0 = \sqrt{\frac{K}{\rho}} \tag{1-1}$$

(2) 考虑流体的压缩性和管壁弹性时，弹性波在薄壁管中的传播速度为：

$$a = \sqrt{\frac{K/\rho}{1 + \frac{K}{E}\frac{d}{\delta}}} \tag{1-2}$$

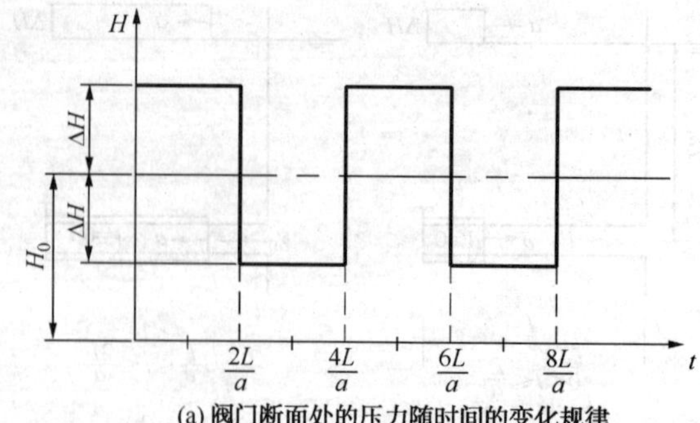

(a) 阀门断面处的压力随时间的变化规律

(b) 管道中点处的压力随时间的变化规律

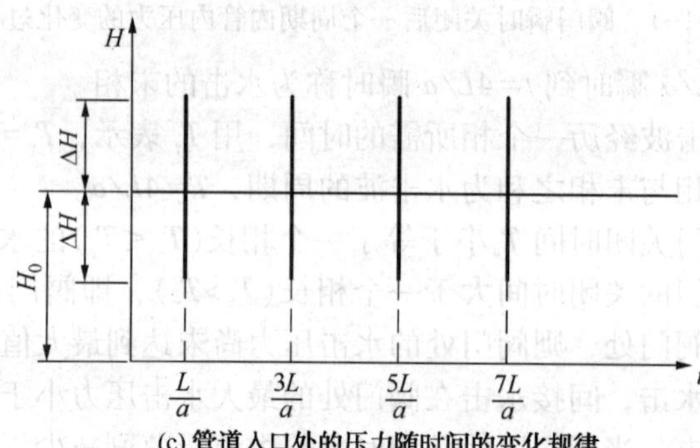

(c) 管道入口处的压力随时间的变化规律

图 1-2　管道中各点处的压力变化情况

（3）考虑流体的压缩性和管壁弹性，并且考虑管子端部的约束情况时，弹性波在薄壁管中的传播速度为：

$$a = \sqrt{\frac{K/\rho}{1 + \frac{K}{E}\frac{d}{\delta}\cdot C_1}} \tag{1-3}$$

式中　a——压力波的传播速度，m/s；

K——液体的体积弹性系数，Pa；

ρ——液体的密度，kg/m^3；

E——管材的弹性模量，Pa；

d——管内径，m；

δ——管壁厚度，m；

C_1——管子的约束系数，取决于管子的约束条件：

一端固定，另一端自由伸缩时：$C_1=1-\mu/2$；

管子无轴向位移（埋地管段）时：$C_1=1-\mu^2$；

管子轴向可自由伸缩（如承插式接头连接）时：$C_1=1$；

μ——管材的泊松系数。

对于一般的钢质管道，压力波在油品中的传播速度大约为 1000~1200m/s，在水中的传播速度大约为 1200~1400m/s。

1.2.2 水击波在厚壁管液体中的传播速度

厚壁管中液体的波速仍按式(1-3)计算，只需对其中的管子约束系数加以修正，其确定方法如下：

(1) 一端固定，另一端自由伸缩时：

$$C_1=\frac{1}{1+\dfrac{\delta}{d}}\left[\left(1-\frac{\mu}{2}\right)+2\frac{\delta}{d}(1+\mu)\left(1+\frac{\delta}{d}\right)\right] \tag{1-4}$$

(2) 管子无轴向位移(如埋地管段)时：

$$C_1=\frac{1}{1+\dfrac{\delta}{d}}\left[(1-\mu^2)+2\frac{\delta}{d}(1+\mu)\left(1+\frac{\delta}{d}\right)\right] \tag{1-5}$$

(3) 管子轴向可自由伸缩(如承插式接头连接)时：

$$C_1=\frac{1}{1+\dfrac{\delta}{d}}\left[1+2\frac{\delta}{d}(1+\mu)\left(1+\frac{\delta}{d}\right)\right] \tag{1-6}$$

1.3 瞬变流动中的摩阻损失

1.3.1 恒定流动时的沿程阻力系数

(1) 层流区

理论公式：

$$\lambda=\frac{64}{Re} \tag{1-7}$$

(2) 水力光滑区

布拉修斯公式：

$$\lambda=\frac{0.3164}{Re^{0.25}} \tag{1-8}$$

尼古拉兹公式：

$$\frac{1}{\sqrt{\lambda}}=2\lg\sqrt{\lambda}-0.8 \tag{1-9}$$

(3) 混合摩阻区

柯勃布鲁克公式：

$$\frac{1}{\sqrt{\lambda}}=-2\lg\left(\frac{\varepsilon}{3.7d}+\frac{2.51}{Re\sqrt{\lambda}}\right) \tag{1-10}$$

莫迪公式： $$\lambda = 0.0055\left[1+\left(20000\frac{\varepsilon}{d}+\frac{10^6}{Re}\right)^{1/3}\right] \tag{1-11}$$

阿列特苏里公式： $$\lambda = 0.11\left(\frac{\varepsilon}{d}+\frac{68}{Re}\right)^{0.25} \tag{1-12}$$

洛巴耶夫公式： $$\lambda = \frac{1.42}{\left[\lg\left(Re\frac{d}{\varepsilon}\right)\right]^2} \tag{1-13}$$

P. K Swamme & A. K Jain 公式：

$$\lambda = 0.25\left[\lg\left(\frac{\varepsilon}{d}+\frac{5.74}{Re^{0.9}}\right)\right]^{-2} \tag{1-14}$$

(4) 阻力平方区

谢夫林公式： $$\lambda = 0.11\left(\frac{\varepsilon}{d}\right)^{0.25} \tag{1-15}$$

尼古拉兹公式： $$\lambda = \left(2\lg\frac{d}{2\varepsilon}+1.74\right)^{-2} \tag{1-16}$$

说明：水力过渡区的计算公式，适用于湍流的所有特性区。

1.3.2 沿程阻力损失

(1) 达西公式

$$h_f = \lambda\frac{L}{d}\frac{V^2}{2g} = \frac{8}{\pi^2 g}\lambda\frac{L}{d^5}Q^2 \tag{1-17}$$

(2) 层流时摩阻损失

将式(1-7) $\lambda = \frac{64}{Re} = \frac{64}{\frac{4Q}{\pi d\nu}} = \frac{16\pi d\nu}{Q}$ 代入式(1-17)中，得到：

$$h_f = \frac{8}{\pi^2 g}\lambda\frac{L}{d^5}Q^2 = \frac{8}{\pi^2 g}\frac{16\pi d\nu}{Q}\frac{L}{d^5}Q^2 = 4.15\frac{Q\nu}{d^4}L \tag{1-18}$$

(3) 水力光滑区摩阻损失

将式(1-8) $\lambda = \frac{0.3164}{Re^{0.25}} = \frac{0.3164}{\left(\frac{4Q}{\pi d\nu}\right)^{0.25}}$ 代入式(1-17)中，得到：

$$h_f = \frac{8}{\pi^2 g}\lambda\frac{L}{d^5}Q^2 = \frac{8}{\pi^2 g}\frac{0.3164}{\left(\frac{4Q}{\pi d\nu}\right)^{0.25}}\frac{L}{d}Q^2 = 0.0246\frac{Q^{1.75}\nu^{0.25}}{d^{4.75}}L \tag{1-19}$$

(4) 列宾宗沿程摩阻损失公式

$$\left.\begin{aligned} h_f &= \beta\frac{Q^{2-m}\nu^m}{d^{5-m}}L = fQ^{2-m}L \\ \beta &= \frac{8A}{4^m\pi^{2-m}g} \\ f &= \beta\frac{\nu^m}{d^{5-m}} = \frac{8A\nu^m}{4^m\pi^{2-m}gd^{5-m}} \end{aligned}\right\} \tag{1-20}$$

列宾宗公式中的各系数见表 1-1。

表 1-1 列宾宗公式中的各系数

流态		A	m	$\beta/(\mathrm{s^2/m})$	f	$h_f/(\mathrm{m}$ 液柱)
层流		64	1	4.15	$4.15\dfrac{\nu}{d^4}$	$4.15\dfrac{Q\nu}{d^4}L$
湍流	光滑区	0.3164	0.25	0.0246	$0.0246\dfrac{\nu^{0.25}}{d^{4.75}}$	$0.0246\dfrac{Q^{1.75}\nu^{0.25}}{d^{4.75}}L$
	混合区	$10^{0.127\lg\frac{\varepsilon}{d}-0.627}$	0.123	$0.0802A$	$0.0802A\dfrac{\nu^{0.123}}{d^{4.877}}$	$0.0802A\dfrac{Q^{1.877}\nu^{0.123}}{d^{4.877}}L$
	粗糙区	λ	0	0.0826λ	$0.0826\lambda\dfrac{1}{d^5}$	$0.0826\lambda\dfrac{Q^2}{d^5}L$

1.3.3 瞬变流动的摩阻损失

管内非恒定流动，由于其流量随时间 t 和管截面的位置 x 而变化，所以不同时刻不同管截面处的雷诺数不同，流态也可能发生变化。目前还没有统一的计算瞬变流动的摩阻计算公式，实践中仍采用恒定流的摩阻计算公式。

但是，采用达西公式和采用列宾宗公式计算的结果是有差别的。因为采用达西公式计算摩阻损失时，使用的是固定的摩阻系数 λ，而摩阻系数又是雷诺数 Re 的函数，即使在同一流动区域，使用相同的计算公式，随流量 Q 的变化雷诺数 Re 发生了变化，即摩阻系数 λ 是会发生变化的。只有在完全粗糙区，摩阻系数与雷诺数 Re 无关，采用固定摩阻系数 λ 计算才准确；而对于某一个流动区域，列宾宗公式中的 f 和 m 为常数或近似为常数，而与流量无关或者关系很小，所以只要流动区域相符合，用列宾宗公式计算瞬变流动的摩阻是准确的，或者基本上是准确的。因此，在管道瞬变流动摩阻的计算中，宜采用列宾宗公式进行计算。

1.3.4 管道当量长度的概念

管道的摩阻损失，包括沿程摩阻损失和水力元件的局部摩阻损失两项。工程中一般把局部摩阻损失计入到沿程摩阻损失中，相当于把计算沿程摩阻损失的管道的实际长度加大，变为所谓的“当量长度”，即：

$$h_w = h_f + h_j = fQ^{2-m}L + h_j = fQ^{2-m}L_e \tag{1-21}$$

式中 L——管道的实际长度，m；

L_e——管道的当量长度，m；

h_w——管道的摩阻损失，m；

h_f——管道的沿程摩阻损失，m；

h_j——管道的局部摩阻损失，m。

1.3.5 串联管道的摩阻损失

以具有三种管径的串联管道(图 1-3)为例来研究。

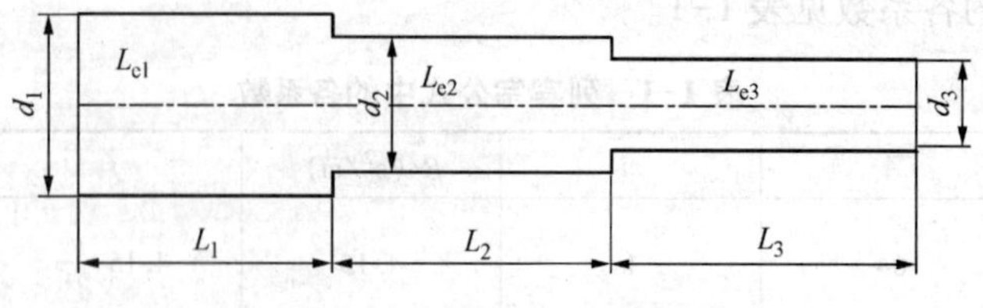

图 1-3　三种管径的串联管道

由串联管道的水力特点，可以写出下式

$$f_1Q^{2-m}L_{e1}+f_2Q^{2-m}L_{e2}+f_3Q^{2-m}L_{e3}=f_eQ^{2-m}L_e \tag{1-22}$$

式中　f_e 和 L_e——管道的当量参数。

若采用的三种串联管道中的流态相同，即 m 相同，则有：

$$f_eL_e=f_1L_{e1}+f_2L_{e2}+f_3L_{e3} \tag{1-23}$$

记 $F_s=f_eL_e$(串联管道的当量摩阻系数)，则

$$F_s=f_eL_e=f_1L_{e1}+f_2L_{e2}+f_3L_{e3} \tag{1-24}$$

对于 k 条串联管道，其管道的当量摩阻系数为：

$$F_s=\sum_{i=1}^{k}f_iL_{ei} \tag{1-25}$$

串联管道的总摩阻损失为：

$$h_w=F_sQ^{2-m}=\sum_{i=1}^{k}f_iL_{ei}Q^{2-m} \tag{1-26}$$

1.3.6　并联管道的摩阻损失

并联管道的处理方法与串联管道类似，以具有三种管径的并联管道(图 1-4)为例来研究。

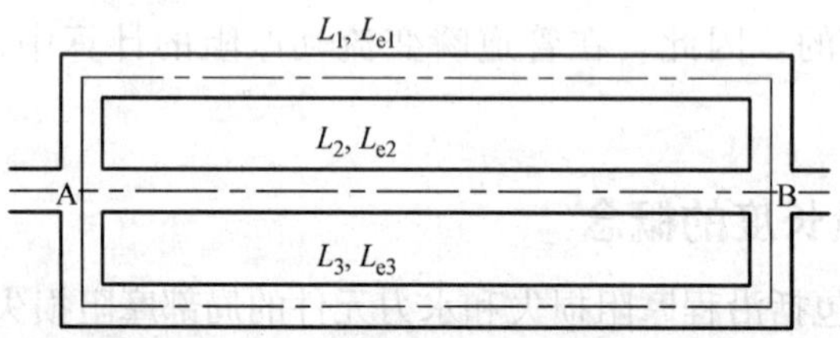

图 1-4　三种管道并联的系统

由并联管道的水力特点，可以写出式(1-27)

$$f_1Q_1^{2-m}L_{e1}=f_2Q_2^{2-m}L_{e2}=f_3Q_3^{2-m}L_{e3}=f_eQ_e^{2-m}L_e \tag{1-27}$$

式中　f_e 和 L_e——管道的当量参数。

这里也作一个简化处理，采用的三种并联管道中的流态相同，即 m 相同，根据连续性原理，有：

$$Q_1+Q_2+Q_3=Q_e \tag{1-28}$$

从式(1-24)解出 Q_1、Q_2和 Q_3与 Q_e的关系，代入式(1-25)，可得：

$$\left(\frac{f_eL_e}{f_1L_{e1}}\right)^{\frac{1}{2-m}}Q_e+\left(\frac{f_eL_e}{f_2L_{e2}}\right)^{\frac{1}{2-m}}Q_e+\left(\frac{f_eL_e}{f_3L_{e3}}\right)^{\frac{1}{2-m}}Q_e=Q_e$$

由此得到 F_p（并联管道的当量摩阻系数）：

$$F_p = f_e L_e = \left[\frac{1}{(f_1 L_{e1})^{\frac{1}{2-m}}} + \frac{1}{(f_2 L_{e2})^{\frac{1}{2-m}}} + \frac{1}{(f_3 L_{e3})^{\frac{1}{2-m}}}\right]^{m-2} \tag{1-29}$$

同样，对适用于 k 条并联的管道系统，其管道的当量摩阻系数为

$$F_p = f_e L_e = \left[\sum_{i=1}^{k} \frac{1}{(f_i L_{ei})^{\frac{1}{2-m}}}\right]^{m-2} \tag{1-30}$$

并联管道的总摩阻损失为：

$$h_w = F_p Q_e^{2-m} = \left[\sum_{i=1}^{k} \frac{1}{(f_i L_{ei})^{\frac{1}{2-m}}}\right]^{m-2} Q_e^{2-m} \tag{1-31}$$

【例 1-1】如图 1-5 所示的管道系统，已知：$d_1=0.2\text{m}$，$L_1=2000\text{m}$，$L_{e1}=2040\text{m}$，$f_1=3.87\text{s}^2/\text{m}^6$；$d_2=0.15\text{m}$，$L_2=1000\text{m}$，$L_{e2}=1020\text{m}$，$f_2=20.12\ \text{s}^2/\text{m}^6$；$d_3=0.1\text{m}$，$L_3=1100\text{m}$，$L_{e3}=1130\text{m}$，$f_3=181.72\ \text{s}^2/\text{m}^6$；$m_1=m_2=m_3=0$，$Q=0.055\text{m}^3/\text{s}$。求从 A 到 B 的摩阻损失。

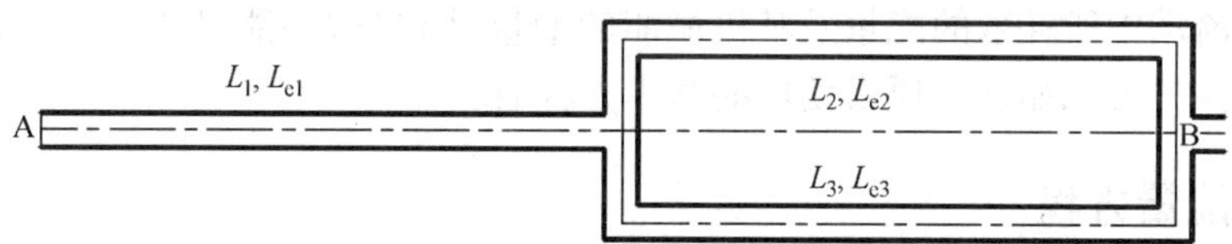

图 1-5　管道串并联的系统

【解】对于管 2 和管 3 并联的当量管，其当量摩阻系数为

$$F_p = f_e L_e = \left[\frac{1}{(f_2 L_{e2})^{\frac{1}{2-m}}} + \frac{1}{(f_3 L_{e3})^{\frac{1}{2-m}}}\right]^{m-2}$$

$$= \left[\frac{1}{(20.12 \times 1020)^{0.5}} + \frac{1}{(181.72 \times 1130)^{0.5}}\right]^{-2} = 1.18 \times 10^4 (\text{s}^2/\text{m}^5)$$

对于管 2 和管 3 的并联当量管与管 2 构成的串联当量管，其摩阻系数为

$$F_s = f_1 L_{e1} + F_p = 3.87 \times 2040 + 1.18 \times 10^4 = 1.97 \times 10^4 (\text{s}^2/\text{m}^6)$$

所以，管道从 A 到 B 的摩阻损失为

$$h_{wAB} = F_s Q^{2-m} = 1.97 \times 10^4 \times 0.055^2 = 59.6(\text{m})$$

第 2 章　输流管道刚性水柱理论

管内非恒定流动就其物理机理上说，可以分为两类：一类须考虑液体的压缩性；另一类则不考虑压缩性，不计压力波在流场中传递的影响，即忽略了管子和液体的弹性，把整个液流看成是一条无管容的“刚性水柱”，以分析其不稳定流动的状态。

在刚性水柱理论中，$Q=f(t)$，流量和压头随时间变化的规律只需用刚体运动方程来描述。工程上，这种理论只能应用于流动变化相当缓慢或管道很短的场合。

2.1　不可压缩流体非恒定流控制方程

这类问题的解法均属于能量法，即其支配方程是根据“外力对某块液体所作之功，应等于此块液体在流动中所耗散的能量及其机械能的增量之和”这一能量不灭原理而得到的。能量法不考虑液体的可压缩性，通常使用的基本方程有：

2.1.1　能量方程

$$z_1 + \frac{p_1}{\rho g} + \alpha_1 \frac{V_1^2}{2g} = z_2 + \frac{p_2}{\rho g} + \alpha_2 \frac{V_2^2}{2g} + \frac{1}{g}\int_1^2 \alpha_0 \frac{\partial V}{\partial t}\mathrm{d}l + h_{w1-2} \tag{2-1}$$

式中，z_1、z_2为断面 1、2 上所取定的 1、2 两点的位置高度，p_1、p_2为 1、2 点上的压力，V_1、V_2为断面 1、2 上的平均流速，ρ 为液体的密度，α_1、α_2 为断面 1、2 上的动能修正系数，α_0 为动量修正系数，h_{w1-2}为从断面 1 到断面 2 的单位能量损失。

用 E_1表示上游 1 点处的总机械能，即：$E_1=z_1+\frac{p_1}{\rho g}+\alpha_1\frac{V_1^2}{2g}$

用 E_2表示下游 2 点处的总机械能，即：$E_2=z_2+\frac{p_2}{\rho g}+\alpha_2\frac{V_2^2}{2g}$

用流量 Q 来代替流速 V，即：$V=\frac{Q}{\omega}$(其中 ω 为管道截面的流通面积)

用列宾宗公式计算从上游 1 点处到下游 2 点处的能量损失，即：$h_{w1-2}=fQ^{2-m}L_e$

最后可得非恒定流的能量方程为：

$$\int_1^2 \alpha_0 \frac{\partial Q}{\partial t}\mathrm{d}l = g\omega(E_1 - E_2 - fQ^{2-m}L_e) \tag{2-2}$$

2.1.2　连续方程

$$\omega_1 V_1 = \omega_2 V_2 \tag{2-3}$$

式中，ω_1、ω_2 为断面 1、2 的过流面积。

2.1.3　节流流量方程

$$Q = C_Q\omega\sqrt{2gH} = C_Q\omega\sqrt{\frac{2\Delta p}{\rho}} \tag{2-4}$$

式中，ω 为节流口的过流面积，C_Q 为流量系数，Δp 为节流前后的有效压差。

【例 2-1】设有如图 2-1 所示的容器，流入容器的流量为 Q_1，经底部短管流出容器的流量为 Q_z，试求此容器泄空或充满所需的时间。

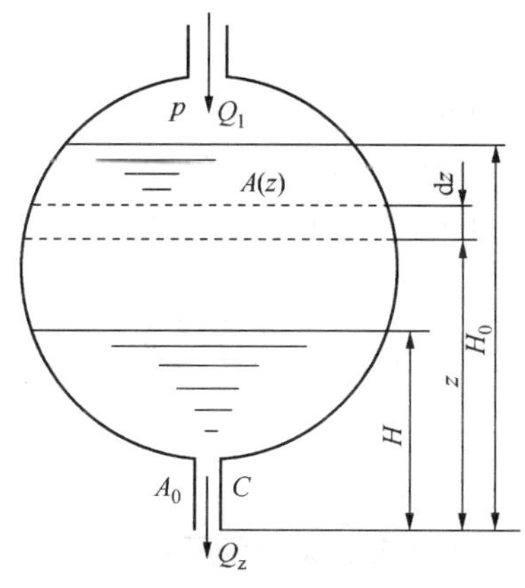

图 2-1　容器示意图

【解】通常容器的过流断面面积都大大超过容器流出出口的过流断面面积，因而容器中液面变化的速度很小，故惯性力可以忽略不计。在时间间隔 dt 内，流动过程可认为是恒定的，所以可避开非恒定流动能量方程而用节流流量方程来代替之，以进行近似计算。

$$Q_z = C_Q A_0\sqrt{2g\left(z + \frac{p}{\rho g}\right)}$$

式中，A_0为出流短管的过流断面面积，C_Q 为其流量系数。

根据连续方程，有

$$(Q_z - Q_1)\mathrm{d}t = -A(z)\mathrm{d}z$$

式中，$A(z)$表示在高度 z 处液体自由表面的面积，dz 为 dt 时间内容器中液位的变化量。

由以上两式可得液位从 H_0变化到 H 所需的时间 t 为

$$t = -\int_{H_0}^{H}\frac{A(z)\mathrm{d}z}{C_Q A_0\sqrt{2g[z + p/(\rho g)]} - Q_1}$$

令 $H=0$ 即可获得容器泄空所需的时间。如容器呈柱状，$A(z)=A$ 不是 z 的函数，于是有

$$t = -\frac{A}{C_Q A_0}\int_{H_0}^{H}\frac{\mathrm{d}z}{\sqrt{2g[z + p/(\rho g)]} - Q_1}$$

如 Q_1 始终大于 Q_z 则 $H>H_0$，于是容器是充满而非泄空，仍可用上式计算容器充满的时间。

【例 2-2】设有如图 2-2 所示的连通容器，左、右液面之高差为 H_0。突然互相接通，则液体由左容器经截面为 A_0、流量系数为 C_Q 的短管流向右容器。求液面达到平衡时所需的时间。

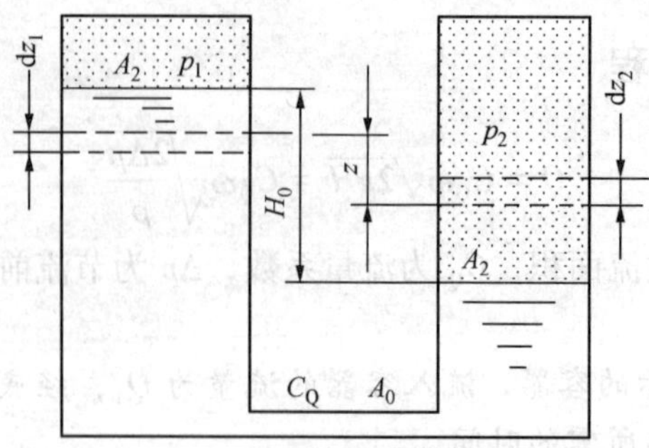

图 2-2 连通容器示意图

【解】记流过短管的流量为 Q_z，则有

$$\begin{aligned} Q_z\mathrm{d}t &= -A_1\mathrm{d}z_1 = A_2\mathrm{d}z_2 = (A_1+A_2)(A_1+A_2)^{-1}A_2\mathrm{d}z_2 \\ &= (A_1A_2\mathrm{d}z_2 - A_1A_2\mathrm{d}z_1)(A_1+A_2)^{-1} \\ &= -A_1A_2(\mathrm{d}z_1-\mathrm{d}z_2)(A_1+A_2)^{-1} \end{aligned}$$

且

$$Q_z = C_QA_0\sqrt{2g\left(z+\frac{p_1-p_2}{\rho g}\right)}$$

令：$\mathrm{d}z=\mathrm{d}z_1-\mathrm{d}z_2$，得

$$\mathrm{d}t = -\frac{A_1A_2}{A_1+A_2}\frac{\mathrm{d}z}{C_QA_0\sqrt{2g[z+(p_1-p_2)/(\rho g)]}}$$

$$t = -\int_{H_0}^{0}\frac{A_1A_2}{A_1+A_2}\frac{\mathrm{d}z}{C_QA_0\sqrt{2g[z+(p_1-p_2)/(\rho g)]}}$$

对柱形容器，A_1、A_2皆为常数，再设液面的变动不影响自由面上的压力值，则 $p_1=p_2=p_a$，可得

$$t = 2\frac{A_1A_2}{A_1+A_2}\frac{\sqrt{H_0}}{C_QA_0\sqrt{2g}}$$

【例 2-3】设有如图 2-3 所示的容器，在平衡位置时，气室中的液面高 $y=0$，此时的气体体积为 V_0，压力为 p_0，测管中的液面高为 z_0，测管中充满液体部分的总长度为 L。当测管中的液面因某种原因而被迫下降 l_0后，气室中的气体就被压缩，其压力增大到 p，体积压缩为 V。突然除去使测管中液面下降的外力，液体就自由振动，此时气室中的气体起弹簧作用，而测管中的液柱则作为质量，从而构成质量弹簧系统而振动。若不计损失和气室内液体运动的惯性及气室和测管中自由面上的动能，求液面振荡的频率。

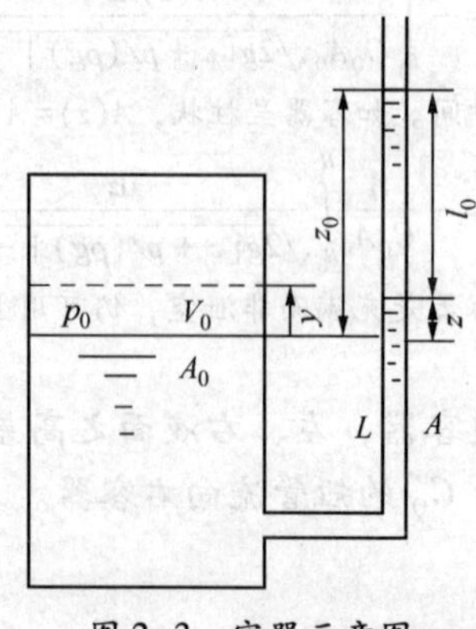

图 2-3 容器示意图

【解】对此题应先求出气室中气体压力与相应液面位置间的变化关系，再求出测管中液体运动的规律，两式联立即可解出所需的自振频率。

假定气室中气体的变化过程是等温的，从而有

$$p_0V_0 = pV = C$$

式中，C 为常数，由此可得

$$\frac{\mathrm{d}p}{\mathrm{d}V} = -\frac{C}{V^2} = -\frac{p_0V_0}{V^2} \approx -\frac{p_0}{V_0}$$

又

$$\mathrm{d}V = -A_0\mathrm{d}y$$

故

$$\frac{\mathrm{d}p}{\mathrm{d}y} = \frac{p_0A_0}{V_0}$$

$$\int_{p_0}^{p}\mathrm{d}p = \int_0^y(p_0A_0/V_0)\,\mathrm{d}y$$

$$p = p_0 + p_0A_0y/V_0$$

以下求测管中液柱的运动规律：

测管中的液柱处于重力场的作用下，其运动是非恒定的，因而其能量方程为：

$$z_1 + \frac{p_1}{\rho g} + \alpha_1\frac{V_1^2}{2g} = z_2 + \frac{p_2}{\rho g} + \alpha_2\frac{V_2^2}{2g} + \frac{1}{g}\int_0^L\alpha_0\frac{\partial V}{\partial t}\mathrm{d}l$$

以平衡位置时的自由液面为基准面，将第Ⅰ断面取在气室内的自由表面上，将第Ⅱ断面取在测管内的自由表面上，取此二断面上的任意点为 1 点和 2 点，按题意略去断面Ⅰ和Ⅱ上的动能不计，于是能量方程为：

$$y + \frac{p}{\rho g} = z + \frac{p_a}{\rho g} + \frac{\partial V}{\partial t}L$$

式中，l 为从测管中液面的平衡位置算起的液面位置。$z=z_0-l$，于是有

$$y + \frac{p}{\rho g} = z_0 - l + \frac{p_a}{\rho g} + \frac{\alpha_0L}{g}\frac{\partial V}{\partial t}$$

$$y + \frac{p_0}{\rho g} + \frac{p_0}{\rho g}\frac{A_0y}{V_0} = z_0 - l + \frac{p_a}{\rho g} + \frac{\alpha_0L}{g}\frac{\partial V}{\partial t}$$

又

$$p_0 = p_a + \rho gz_0$$

故

$$y + \frac{p_0}{\rho g}\frac{A_0y}{V_0} = -l + \frac{\alpha_0L}{g}\frac{\partial V}{\partial t}$$

由于 $A_0y=lA$，代入上式，得

$$-\frac{\alpha_0L}{g}\frac{\partial V}{\partial t} + l\left(1 + \frac{A}{A_0} + \frac{p_0A}{\rho gV_0}\right) = 0$$

若 $L\gg l$，则 L 可认为是常数，于是有

$$\omega^2l - \frac{\partial V}{\partial t} = 0$$

$$\omega^2 = \frac{g}{\alpha_0L}\left(1 + \frac{A}{A_0} + \frac{p_0A}{\rho gV_0}\right)$$

此方程是谐振微分方程，其积分是

$$l = C_1\cos(\omega t) + C_2\sin(\omega t)$$

式中，t 为时间，ω 即为所求的谐振频率，C_1 和 C_2 是两个积分常数，可由起始条件来确定。

当 $t=0$ 时，$l=l_0$，得 $C_1=l_0$；当 $t=0$ 时，$V=0$，得 $C_2=0$，故

$$l = l_0\cos(\omega t)$$

由此可知振荡的频率为 ω，振幅为 l_0。

2.2 自流达到稳定的时间

设有如图 2-4 所示的管道，其上游端有一很大的油箱，其下游端有一快速闸门。闸门由关闭状态突然开放，于是管中的液体即由静止开始转为流动而最后达到恒定流动。试确定此过渡过程所经历的时间和此期间流出的液体体积。

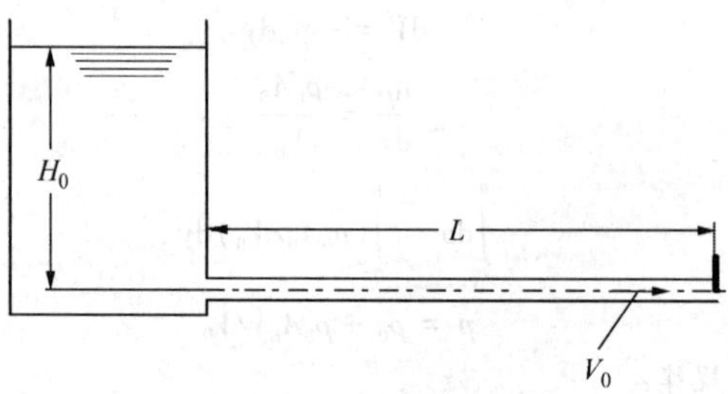

图 2-4 自流管道示意图

这一过渡过程可以从非恒定流动能量方程着手予以简便的解决。

流动为恒定时，其能量方程应为

$$H_0 - fQ_0^{2-m}L_e = 0 \tag{2-5}$$

由此可得：$fL_e = \dfrac{H_0}{Q_0^{2-m}}$

对于此处的 1、2 两点处的机械能之差为：$E_1 - E_2 = H_0$

将以上两式代入式(2-2)，并且取 $\alpha_0 = 1$，全线从 1 点到 2 点$\dfrac{\partial Q}{\partial t} = \dfrac{\mathrm{d}Q}{\mathrm{d}t}$不变，由此可得：

$$\frac{\mathrm{d}Q}{\mathrm{d}t}\int_1^2 \mathrm{d}l = \frac{\mathrm{d}Q}{\mathrm{d}t}L = g\omega H_0\left(1 - \frac{Q^{2-m}}{Q_0^{2-m}}\right) \tag{2-6}$$

从而有

$$\mathrm{d}t = \frac{LQ_0^{2-m}}{g\omega H_0}\frac{\mathrm{d}Q}{Q_0^{2-m} - Q^{2-m}} \tag{2-7}$$

两边取积分，有

$$\int \mathrm{d}t = \frac{LQ_0^{2-m}}{g\omega H_0}\int \frac{\mathrm{d}Q}{Q_0^{2-m} - Q^{2-m}}$$

即：

$$t = \frac{LQ_0^{2-m}}{g\omega H_0}\int \frac{\mathrm{d}Q}{Q_0^{2-m} - Q^{2-m}} \tag{2-8}$$

(1) 对于层流，$m=1$，积分上式得

$$t = -\frac{LQ_0}{g\omega H_0}\ln(Q_0 - Q) + C \tag{2-9}$$

式中，C 为积分常数，根据初始条件 $t=0$ 时，$Q=0$，可得 $C=0$，于是有

$$t = -\frac{LQ_0}{g\omega H_0}\ln(Q_0 - Q) \tag{2-10}$$

（2）对于湍流粗糙区，$m=0$，积分后得

$$t=\frac{LQ_0}{2g\omega H_0}\ln\frac{Q_0+Q}{Q_0-Q}+C' \tag{2-11}$$

同样，根据初始条件 $t=0$ 时，$Q=0$，可得 $C'=0$，于是有

$$t=\frac{LQ_0}{2g\omega H_0}\ln\frac{Q_0+Q}{Q_0-Q} \tag{2-12}$$

令 $t_0=\dfrac{LQ_0}{2g\omega H_0}$，从上式可解得

$$Q=Q_0(e^{t/t_0}-1)(e^{t/t_0}+1)^{-1}=Q_0\text{th}(t/2t_0) \tag{2-13}$$

如以 $Q=0.99Q_0$ 为已达到基本恒定的标准，则可得过渡过程所需的时间为

（1）层流时：

$$t=-\frac{LQ_0}{g\omega H_0}\ln(Q_0-Q)=-\frac{LQ_0}{g\omega H_0}\ln(0.01Q_0) \tag{2-14}$$

（2）湍流粗糙区时：

$$t=\frac{LQ_0}{2g\omega H_0}\ln\frac{1.99}{0.01}=5.3t_0=2.65\frac{LQ_0}{g\omega H_0} \tag{2-15}$$

在此时间内流出的流体体积为：

$$V_T=\int_0^{5.3t_0}Q\mathrm{d}t=Q_0\int_0^{5.3t_0}\text{th}(t/2t_0)\mathrm{d}t=2Q_0t_0\ln[\text{ch}(t/2t_0)]\Big|_0^{5.3t_0}=3.92Q_0t_0 \tag{2-16}$$

【例 2-4】在图 2-4 中，已知管道内径为 $d=0.2$m，$L=3000$m，局部阻力的当量长度为 50m，$H_0=40$m，流动处于湍流阻力平方区，$m=0$，$f=2.7(\text{s/m}^3)^2$。求突然打开阀门后流动达到稳定的时间。

【解】管道的过流断面积为：$\omega=\frac{1}{4}\pi d^2=0.0314\text{m}^2$

流动达到稳态时的流量为

$$Q_0-\left(\frac{H_0}{fL_e}\right)^{\frac{1}{2-m}}=\left[\frac{40}{2.7\times(3000+50)}\right]^{\frac{1}{2}}=0.0697(\text{m}^3/\text{s})$$

由式(2-15)，有：

$$t=2.65\frac{LQ_0}{g\omega H_0}=2.65\times\frac{3000\times0.0697}{9.81\times0.0314\times40}=45(\text{s})$$

以 $Q=0.99Q_0$ 为已达到基本恒定的标准，可得过渡过程所需的时间为：$t=45$s

2.3 简单管道缓慢关阀时的压力

2.3.1 流量变化已知时的压头方程

在这种情况下，各时刻的流量实际上已知，计算比较容易。以图 2-5 所示的管道系统为例进行分析。在稳定流动时，缓慢地关闭管道中间的阀门，造成阀门的上游段增压，下游

段减压。阀门上游侧的压头记为H_1，下游侧的压头记为H_2，上游段和下游段可以单独计算。

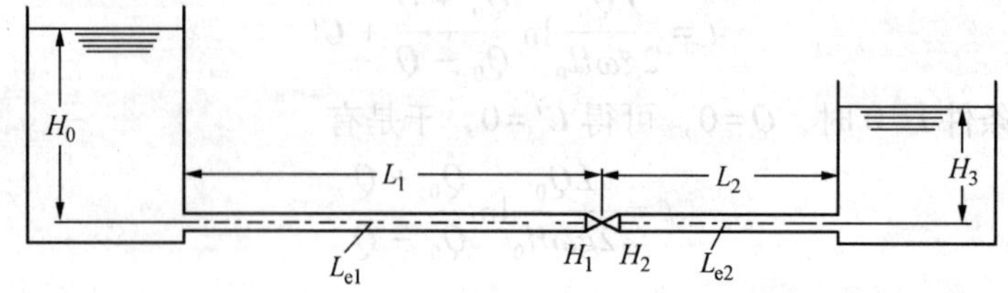

图 2-5 管道中间阀门缓慢关闭

(1) 阀门上游侧的压力

由式(2-2) $\int_1^2 \alpha_0 \frac{\partial Q}{\partial t} \mathrm{d}l = g\omega(E_1 - E_2 - fQ^{2-m}L_e)$，有：

$$\frac{\mathrm{d}Q}{\mathrm{d}t}L_1 = g\omega(H_0 - H_1 - fQ^{2-m}L_{e1}) \tag{2-17}$$

式中 L_{e1}——阀门上游管道的当量长度；

L_1——阀门上游管道的实际长度。

由此可得：

$$H_1 = H_0 - fQ^{2-m}L_{e1} - \left(\frac{L_1}{g\omega}\right)\frac{\mathrm{d}Q}{\mathrm{d}t} \tag{2-18}$$

对于阀门关闭时的情形，此时$\frac{\mathrm{d}Q}{\mathrm{d}t}$为负值，所以$H_1$总是大于其相应的稳态值；对于阀门打开时的情形，此时$\frac{\mathrm{d}Q}{\mathrm{d}t}$为正值，所以$H_1$总是小于其相应的稳态值。

对于流量变化$\frac{\mathrm{d}Q}{\mathrm{d}t}$已知的情况，可以由式(2-18)计算出各时刻的$H_1$值。当阀门全部关闭时，$H_1$达到最大：

$$H_{1\max} = H_0 - \left(\frac{L_1}{g\omega}\right)\frac{\mathrm{d}Q}{\mathrm{d}t} \tag{2-19}$$

(2) 阀门下游侧的压力

同样，由式(2-2) $\int_1^2 \alpha_0 \frac{\partial Q}{\partial t} \mathrm{d}l = g\omega(E_1 - E_2 - fQ^{2-m}L_e)$，有：

$$\frac{\mathrm{d}Q}{\mathrm{d}t}L_2 = g\omega(H_2 - H_3 - fQ^{2-m}L_{e2}) \tag{2-20}$$

由此可得：

$$H_2 = H_3 + fQ^{2-m}L_{e2} + \left(\frac{L_2}{g\omega}\right)\frac{\mathrm{d}Q}{\mathrm{d}t} \tag{2-21}$$

式中 L_{e2}——阀门下游管道的当量长度；

L_2——阀门下游管道的实际长度。

对于阀门关闭时的情形，此时$\frac{\mathrm{d}Q}{\mathrm{d}t}$为负值，所以$H_2$总是小于其相应的稳态值；对于阀门打开时的情形，此时$\frac{dQ}{dt}$为正值，所以 H_2总是大于其相应的稳态值。

对于流量变化$\frac{dQ}{dt}$已知的情况，可以由式(2-21)计算出各时刻的 H_2值。当阀门全部关闭时，H_2达到最小。

$$H_{2\min} = H_3 + \left(\frac{L_2}{g\omega}\right)\frac{dQ}{dt} \tag{2-22}$$

(3) 关于流量变化率

流量变化率$\frac{dQ}{dt}$一般为时间 t 的函数关系式，即：$\frac{dQ}{dt}=\phi(t)$，当此关系式已知时，即可求出流量 Q 与时间 t 的函数关系式，即由 $dQ=\phi(t)dt$ 可得：

$$Q = \int\phi(t)\,dt = \psi(t) + C \tag{2-23}$$

其中的积分常数由初始条件或终了条件求得。

① 流量变化率按均匀变化时

设：

$$\frac{dQ}{dt} = q \tag{2-24}$$

q 为常数，当 $q>0$ 时，表示阀门开启；当 $q<0$ 时，表示阀门关闭。

由此可得：

$$Q = qt + C \tag{2-25}$$

由初始条件 $t=0$、$Q=Q_0$ 可得：$C=Q_0$，所以

$$Q = Q_0 + qt \tag{2-26}$$

② 流量变化率按二次曲线规律变化时

设：

$$\frac{dQ}{dt} = a_0 + a_1 t + a_2 t^2 \tag{2-27}$$

由此可得：

$$Q = a_0 t + \frac{1}{2}a_1 t^2 + \frac{1}{3}a_2 t^3 + C \tag{2-28}$$

由初始条件 $t=0$、$Q=Q_0$ 可得：$C=Q_0$，所以

$$Q = Q_0 + a_0 t + \frac{1}{2}a_1 t^2 + \frac{1}{3}a_2 t^3 \tag{2-29}$$

③ 流量变化率按正弦规律变化时

设：

$$\frac{dQ}{dt} = a_0 \sin\vartheta t \tag{2-30}$$

由此可得：

$$Q = a_0\vartheta\cos\vartheta t + C \tag{2-31}$$

由初始条件 $t=0$、$Q=Q_0$ 可得：$C=Q_0-a_0\vartheta$，所以

$$Q = Q_0 - a_0\vartheta(1 - \cos\vartheta t) \tag{2-32}$$

【例 2-5】在图 2-5 中，已知管道内径为 $d=0.2\text{m}$，$H_0=65\text{m}$，$H_3=10\text{m}$，$L_1=3000\text{m}$，$L_{e1}=3050\text{m}$，$L_2=1100\text{m}$，$L_{e2}=1144\text{m}$，流动处于湍流混合摩擦区，$m=0.125$，$f=2.7(\text{s/m}^3)^{1.875}$。在稳定流动时，途中阀门逐渐关闭，使全线流量缓慢而均匀地变化，其流量的变化率为$\frac{\mathrm{d}Q}{\mathrm{d}t}=-0.001(\text{m}^3/\text{s}^2)$。(1)求阀门关闭到 20s 时，阀门上、下游的压头；(2)求阀门完全关闭时，阀门上、下游的压头。

【解】阀门完全打开时稳态流动的流量为：

$$Q_0 = \left[\frac{H_0 - H_3}{f(L_{e1} + L_{e2})}\right]^{\frac{1}{2-m}} = \left[\frac{65 - 10}{2.7 \times (3050 + 1144)}\right]^{\frac{1}{1.875}} = 0.058(\text{m}^3/\text{s})$$

此时阀门上游侧和下游侧的压头均为：

$$H_1 = H_2 = H_0 - fQ_0^{2-m}L_{e1} = 65 - 2.7 \times 0.058^{1.875} \times 3050 = 24.46(\text{m})$$

逐渐关阀时，由$\frac{\mathrm{d}Q}{\mathrm{d}t}=-0.001(\text{m}^3/\text{s}^2)$可得：

$$Q = -0.001t + C$$

由初始条件 $t=0$、$Q=Q_0$ 可得：$C=Q_0$，所以

$$Q = 0.058 - 0.001t$$

阀门上游侧的压头由式(2-18)可得：

$$H_1 = 65 - 2.7Q^{1.875} \times 3050 - \left(\frac{3000}{9.81 \times \frac{1}{4}\pi \times 0.2^2}\right)\frac{\mathrm{d}Q}{\mathrm{d}t} = 65 - 8235Q^{1.875} - 9734\frac{\mathrm{d}Q}{\mathrm{d}t}$$

阀门上游侧的压头由式(2-21)可得：

$$H_2 = 10 + 2.7Q^{1.875} \times 1144 + \left(\frac{1100}{9.81 \times \frac{1}{4}\pi \times 0.2^2}\right)\frac{\mathrm{d}Q}{\mathrm{d}t} = 10 + 3089Q^{1.875} + 3569\frac{\mathrm{d}Q}{\mathrm{d}t}$$

(1) 阀门关到 20s 时，此时管道中的流量为：$Q=0.058-0.001\times20=0.038(\text{m}^3/\text{s})$

阀门上游侧的压头为：

$$H_1 = 65 - 8235 \times 0.038^{1.875} - 9734 \times (-0.001) = 56.84(\text{m})$$

阀门下游侧的压头为：

$$H_2 = 10 + 3089 \times 0.038^{1.875} + 3569 \times (-0.001) = 13.14(\text{m})$$

(2) 阀门完全关闭时，此时管道中的流量为：$Q=0$

阀门上游侧的压头达到最大，为：

$$H_1 = 65 - 9734 \times (-0.001) = 74.73(\text{m})$$

阀门下游侧的压头达到最小，为：

$$H_2 = 10 + 3569 \times (-0.001) = 6.43(\text{m})$$

2.3.2 阀门关闭规律已知时的压头方程

仍以图 2-5 所示的管道系统为研究对象进行分析。逐渐关闭阀门时，管道内整个液流(刚性水柱)的运动方程为：

$$\frac{\mathrm{d}Q}{\mathrm{d}t} = \frac{g\omega}{L}(H_0 - H_3 - fQ^{2-m}L_e - KQ^2) \tag{2-33}$$

整理为

$$H_0 - H_3 - fQ^{2-m}L_e - KQ^2 = \left(\frac{L}{g\omega}\right)\frac{dQ}{dt} \tag{2-34}$$

式中　$L_e=L_{e1}+L_{e2}$，$L=L_1+L_2$；

f、m——近似取稳态时的值；

K——阀门综合阻力系数，$K=\dfrac{\xi}{2g\omega^2}$，$\xi$ 为阀门的摩阻系数。

在这里，K 与 t 的关系应为已知，式(2-34)中的待求量为 Q 和$\dfrac{dQ}{dt}$。但是，不可能从某一时刻 K 的变化率直接求得该时该的$\dfrac{dQ}{dt}$，而求得该时该的 Q。这是因为造成流量变化的原因是水力摩阻改变，从式(2-34)看出，水力摩阻有两项，·是 fL_eQ^{2-m}，二是 KQ^2，因此 K 的变化率与 Q 的变化率之间没有直接的对应关系，式(2-34)难以用解析法求解，可以通过数值微分求解，如采用有限差分法。从开始关阀起，一个时步接着一个时步地进行数值求解，摩阻项中的 K 和 Q 则取前一个时步的已知值。式(2-34)的差分形式为：

$$H_0 - H_3 - fQ_t^{2-m}L_e - K_tQ_t^2 = \left(\frac{L}{g\omega}\right)\frac{Q_{t+\Delta t} - Q_t}{\Delta t}$$

整理为：

$$Q_{t+\Delta t} = Q_t + \frac{g\omega\Delta t}{L}(H_0 - H_3 - fQ_t^{2-m}L_e - K_tQ_t^2) \tag{2-35}$$

式中　$Q_{t+\Delta t}$——$(t+\Delta t)$时该的流量；

Q_t——t 时该的流量；

K_t——流量为 Q_t 时对应的阀门综合阻力系数；

Δt——时步长。

刚性水柱的合理性取决于液流变化的缓急，而差分计算的精度则取决于所取时步 Δt 的大小。计算出某一时刻的流量和流量变化率$\left(\dfrac{dQ}{dt}=\dfrac{Q_{t+\Delta t}-Q_t}{\Delta t}\right)$之后，将它们代入式(2-18)和式(2-21)，即可求得该时刻的 H_1和 H_2。

【**例 2-6**】按例 2-5 的数据，假定关闭阀门的速度使液流经过阀门的压头损失每秒增加 2m，试进行有关参数的计算。

以下是为该例题编写的 MatLab 计算程序：

```
%%以下是基本的计算参数值
Di=0.2;   L1=3000;   Le1=3050;   L2=1100;   Le2=1144;   H0=65;   H3=
10;   Q0=0.058;
f=2.7;   m=0.125;   Delta_ t=1;   Delta_ Hv=2;   g=9.80665;
%%以下是基本常数计算
L=L1+L2;   Le=Le1+Le2;   omega=1/4*pi*Di*Di;
%%以下是计算内容
t=0;   Hv=0;   j=1;   Q=1;
```

```
while Q > 0
    Q=Q0+g*omega*Delta_ t/L*(H0-H3-f*Q0^(2-m)*Le-Hv);
    if Q<0;    Q=0;    end
    dQdt=Q-Q0; Q0=Q;
    H1=H0-f*Q^(2-m)*Le1-L1/(g*omega)*dQdt;
    H2=H3+f*Q^(2-m)*Le2+L2/(g*omega)*dQdt;
    Results(j,:)=[t; Q*3600; dQdt*3600; H1; H2]
    t=t+1;    Hv=Hv+Delta_ Hv;    j=j+1;
end
```

程序运行结果如下：

t (s)	Q (m^3/h)	dQ/dt(m^3/h)	H_1(m)	H_2(m)
0	208.9684	0.1684	24.9398	25.0220
1.0000	208.5735	−0.3949	26.6036	24.4108
2.0000	207.6897	−0.8838	28.2389	23.8085
3.0000	206.3813	−1.3084	29.8486	23.2144
4.0000	204.7035	−1.6779	31.4357	22.6276
5.0000	202.7032	−2.0003	33.0029	22.0471
6.0000	200.4205	−2.2827	34.5529	21.4721
7.0000	197.8891	−2.5314	36.0880	20.9020
8.0000	195.1374	−2.7516	37.6102	20.3360
9.0000	192.1895	−2.9479	39.1214	19.7737
10.0000	189.0651	−3.1244	40.6232	19.2144
11.0000	185.7808	−3.2843	42.1169	18.6578
12.0000	182.3502	−3.4306	43.6037	18.1035
13.0000	178.7843	−3.5658	45.0845	17.5511
14.0000	175.0923	−3.6921	46.5602	17.0005
15.0000	171.2811	−3.8112	48.0314	16.4513
16.0000	167.3564	−3.9248	49.4989	15.9035
17.0000	163.3221	−4.0342	50.9629	15.3569
18.0000	159.1813	−4.1408	52.4240	14.8113
19.0000	154.9358	−4.2455	53.8825	14.2666
20.0000	150.5864	−4.3494	55.3386	13.7228
21.0000	146.1330	−4.4534	56.7924	13.1799
22.0000	141.5748	−4.5582	58.2443	12.6377
23.0000	136.9101	−4.6646	59.6942	12.0963
24.0000	132.1367	−4.7734	61.1422	11.5556

25.0000	127.2515	−4.8853	62.5884	11.0158
26.0000	122.2506	−5.0009	64.0327	10.4767
27.0000	117.1296	−5.1210	65.4750	9.9384
28.0000	111.8833	−5.2463	66.9154	9.4010
29.0000	106.5056	−5.3777	68.3537	8.8645
30.0000	100.9897	−5.5159	69.7896	8.3291
31.0000	95.3279	−5.6618	71.2230	7.7947
32.0000	89.5115	−5.8165	72.6536	7.2617
33.0000	83.5305	−5.9809	74.0810	6.7300
34.0000	77.3740	−6.1565	75.5049	6.1999
35.0000	71.0295	−6.3445	76.9246	5.6717
36.0000	64.4829	−6.5466	78.3396	5.1456
37.0000	57.7183	−6.7646	79.7489	4.6219
38.0000	50.7175	−7.0008	81.1517	4.1011
39.0000	43.4598	−7.2576	82.5465	3.5838
40.0000	35.9216	−7.5382	83.9316	3.0707
41.0000	28.0752	−7.8464	85.3048	2.5627
42.0000	19.8886	−8.1867	86.6626	2.0611
43.0000	11.3236	−8.5650	87.9998	1.5681
44.0000	2.3343	−8.9892	89.3061	1.0878
45.0000	0	−2.3343	71.3141	7.6848

2.4　复杂管道缓慢关阀时的压力

本节研究串联、并联和串并联管道系统。在稳态的水力计算中，常采用当量的办法把复杂管道变成管径相同的简单管道，在用刚性水柱理论进行非稳态的水力计算时，也可采用这种办法。这里必须注意的是，前面所有的运动方程里都有两个性质不同的管道长度：一是用于摩阻计算的当量长度，二是用于惯性计算的实际长度。把复杂管道“当量”为简单管道时，也必须把摩阻相当和惯性相当区别开来，不可混淆；当然，如果摩阻计算也简单地取管道的实际长度，二者是相等的。

2.4.1　串联管道

(1) 惯性相当的原理

以具有三种管径的串联管道(图 2-6)为例来研究。

根据惯性相当的原理，可以写出下式

$$\left(\frac{L_1}{g\omega_1}\right)\frac{\mathrm{d}Q}{\mathrm{d}t}+\left(\frac{L_2}{g\omega_2}\right)\frac{\mathrm{d}Q}{\mathrm{d}t}+\left(\frac{L_3}{g\omega_3}\right)\frac{\mathrm{d}Q}{\mathrm{d}t}=\left(\frac{L_{\mathrm{ea}}}{g\omega_{\mathrm{ea}}}\right)\frac{\mathrm{d}Q}{\mathrm{d}t}$$

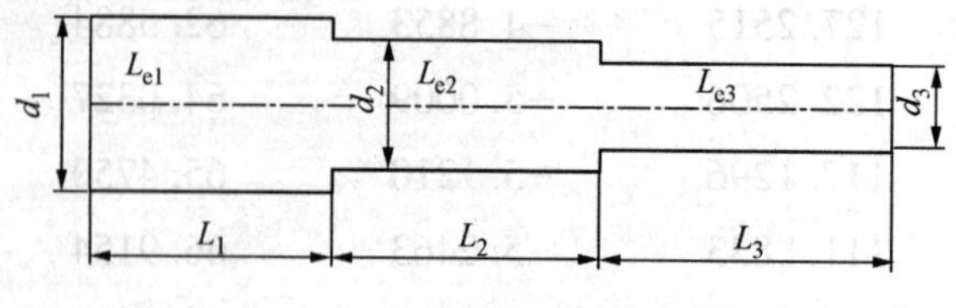

图 2-6　三种管径的串联管道

式中　L_{ea}和ω_{ea}——惯性当量的参数。

化简后得

$$\frac{L_{ea}}{\omega_{ea}}=\frac{L_1}{\omega_1}+\frac{L_2}{\omega_2}+\frac{L_3}{\omega_3}$$

适用于k条管道串联的通式为

$$\frac{L_{ea}}{\omega_{ea}}=\sum_{i=1}^{k}\frac{L_i}{\omega_i} \tag{2-36}$$

(2) 运动方程

串联管道当量形式的运动方程可写成

$$H_A-H_B-F_sQ^{2-m}=I_s\frac{dQ}{dt} \tag{2-37}$$

式中　H_A和H_B——管道两端的压头；

F_s——串联管道的当量摩阻系数，表达式见式(1-24)；

I_s——串联管道的当量惯性系数，表达式为：

$$I_s=\frac{1}{g}\sum_{i=1}^{k}\frac{L_i}{\omega_i} \tag{2-38}$$

2.4.2　并联管道

(1) 惯性相当的原理

并联管道的处理方法与串联管道类似。以具有三种管径的并联管道(图 2-7)为例来研究。

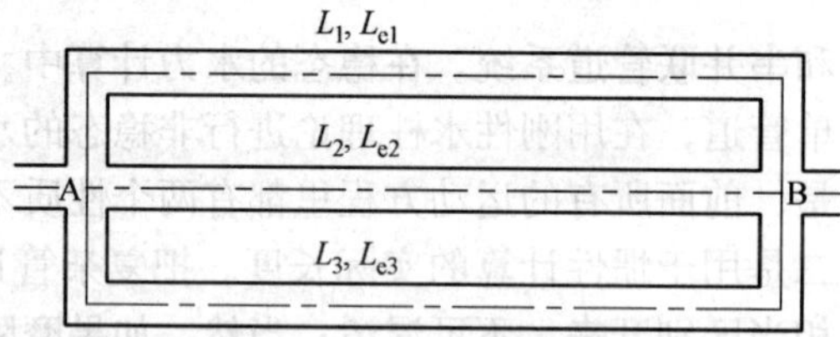

图 2-7　三种管道并联的系统

由并联管道的水力特点，可以写出下式

$$\left(\frac{L_1}{g\omega_1}\right)\frac{dQ_1}{dt}=\left(\frac{L_2}{g\omega_2}\right)\frac{dQ_2}{dt}=\left(\frac{L_3}{g\omega_3}\right)\frac{dQ_3}{dt}=\left(\frac{L_{ea}}{g\omega_{ea}}\right)\frac{dQ_e}{dt} \tag{2-39}$$

根据连续性原理，有：

$$dQ_1+dQ_2+dQ_3=dQ_e \tag{2-40}$$

将式(2-39)的关系代入式(2-40)，消去dQ_e并整理后可得：

$$\frac{L_{ea}}{\omega_{ea}}=\frac{1}{\dfrac{\omega_1}{L_1}+\dfrac{\omega_2}{L_2}+\dfrac{\omega_3}{L_3}} \tag{2-41}$$

适用于 k 条管道并联的通式为

$$\frac{L_{ea}}{\omega_{ea}}=\frac{1}{\sum_{i=1}^{k}\dfrac{\omega_i}{L_i}} \tag{2-42}$$

（2）运动方程

并联管道当量形式的运动方程可写成

$$H_A-H_B-F_pQ^{2-m}=I_p\frac{\mathrm{d}Q}{\mathrm{d}t} \tag{2-43}$$

式中　H_A和H_B——管道两端的压头；

F_p——并联管道的当量摩阻系数，表达式见式(1-29)；

I_p——并联管道的当量惯性系数，表达式为：

$$I_p=\frac{1}{g\sum_{i=1}^{k}\dfrac{\omega_i}{L_i}} \tag{2-44}$$

2.4.3　串并联管道

对于既有并联又有串联的管道系统，先将并联的部分处理成当量管，然后用处理串联管道的方法将全线转换成当量管道。下面以例 1-1 所示的管道系统为例来说明。

【例 2-7】如图 2-8 所示的管道系统，已知：$d_1=0.2\text{m}$，$L_1=2000\text{m}$，$L_{e1}=2040\text{m}$，$f_1=3.87\text{s}^2/\text{m}^6$；$d_2=0.15\text{m}$，$L_2=1000\text{m}$，$L_{e2}=1020\text{m}$，$f_2=20.12\ \text{s}^2/\text{m}^6$；$d_3=0.1\text{m}$，$L_3=1100\text{m}$，$L_{e3}=1130\text{m}$，$f_3=181.72\ \text{s}^2/\text{m}^6$；$m_1=m_2=m_3=0$，$H_0=61\text{m}$，$Q=0.055\text{m}^3/\text{s}$。缓慢地关闭终端阀门，使流量直线下降，至 50s 降为 0。求阀门处的最大压头。

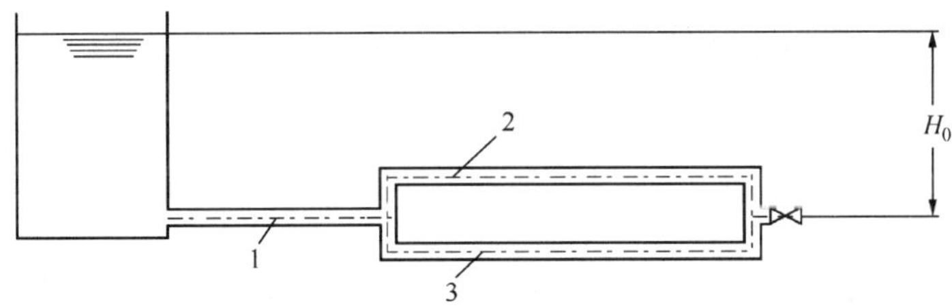

图 2-8　管道串并联的系统

【解】对于管 2 和管 3 并联的当量管，其当量摩阻系数为

$$F_p=f_eL_e=\left[\frac{1}{(f_2L_{e2})^{\frac{1}{2-m}}}+\frac{1}{(f_3L_{e3})^{\frac{1}{2-m}}}\right]^{m-2}$$

$$=\left[\frac{1}{(20.12\times1020)^{0.5}}+\frac{1}{(181.72\times1130)^{0.5}}\right]^{-2}=1.18\times10^4(\text{s}^2/\text{m}^5)$$

当量惯性系数为

$$I_p = \frac{1}{g\sum_{i=2}^{3}\frac{\omega_i}{L_i}} = \frac{1}{9.81\times\left(\frac{0.0177}{1000}+\frac{0.0079}{1100}\right)} = 4110(s^2/m^5)$$

对于管2和管3的并联当量管与管2构成的串联当量管，其摩阻系数为

$$F_s = f_1L_{e1} + F_p = 3.87\times 2040 + 1.18\times 10^4 = 1.97\times 10^4(s^2/m^6)$$

当量惯性系数为

$$I_s = \frac{L_1}{g\omega_1} + I_p = \frac{2000}{9.81\times 0.0314} + 4110 = 1.06\times 10^4(s^2/m^5)$$

整个管道系统的运动方程可写成

$$61 - H_1 - 1.97\times 10^4 Q^2 = 1.06\times 10^4\frac{dQ}{dt}$$

由此可得阀门上游侧的压头为

$$H_1 = 61 - 1.97\times 10^4 Q^2 - 1.06\times 10^4\frac{dQ}{dt}$$

由关阀的条件可得：$\frac{dQ}{dt}=\frac{0.055}{50}=0.0011$

所以：$H_1=72.66-1.97\times10^4Q^2$

故，断流时($Q=0$)，H_1达到最大，其值为$H_{1max}=72.66m$。

第3章　输流管道弹性水击理论

与管道刚性水柱理论相比，管道弹性水击理论考虑了管内流体的压缩性，把流体作为一种弹性介质来处理，这种既考虑管道材料的弹性又考虑管内流体弹性的理论，是管道瞬变流动分析的理论基础。本章主要阐述弹性水击的控制方程的推导、水击波的衰减和管道充装的相关概念。

3.1　可压缩流体非恒定流控制方程

3.1.1　运动方程

（1）笛卡尔坐标系下的N-S方程

$$\rho\frac{\mathrm{d}V}{\mathrm{d}t}=\rho f-\nabla p+\mu\nabla^2V \tag{3-1}$$

或

$$\frac{\mathrm{d}V}{\mathrm{d}t}=f-\frac{1}{\rho}\nabla p+\nu\nabla^2V \tag{3-2}$$

式中 $\frac{\mathrm{d}V}{\mathrm{d}t}$——单位质量流体所受的惯性力；

$\frac{1}{\rho}\nabla p$——单位质量流体所受到的总压力；

f——单位质量流体所受的质量力；

$\nu\nabla^2V$——单位质量流体所受到的黏性阻力。

① $\frac{\mathrm{d}V}{\mathrm{d}t}$为速度的物质导数，为加速度

② $$\frac{\mathrm{d}V}{\mathrm{d}t}=\begin{bmatrix}\frac{\mathrm{d}u}{\mathrm{d}t}\\ \frac{\mathrm{d}v}{\mathrm{d}t}\\ \frac{\mathrm{d}w}{\mathrm{d}t}\end{bmatrix}=\begin{bmatrix}\frac{\partial u}{\partial t}+u\frac{\partial u}{\partial x}+v\frac{\partial u}{\partial y}+w\frac{\partial u}{\partial z}\\ \frac{\partial v}{\partial t}+u\frac{\partial v}{\partial x}+v\frac{\partial v}{\partial y}+w\frac{\partial v}{\partial z}\\ \frac{\partial w}{\partial t}+u\frac{\partial w}{\partial x}+v\frac{\partial w}{\partial y}+w\frac{\partial w}{\partial z}\end{bmatrix},\quad \nabla^2V=\begin{bmatrix}\frac{\partial^2u}{\partial x^2}+\frac{\partial^2u}{\partial y^2}+\frac{\partial^2u}{\partial z^2}\\ \frac{\partial^2v}{\partial x^2}+\frac{\partial^2v}{\partial y^2}+\frac{\partial^2v}{\partial z^2}\\ \frac{\partial^2w}{\partial x^2}+\frac{\partial^2w}{\partial y^2}+\frac{\partial^2w}{\partial z^2}\end{bmatrix}$$

$$f=\begin{bmatrix}f_x\\ f_y\\ f_z\end{bmatrix},\quad \nabla p=\begin{bmatrix}\frac{\partial p}{\partial x}\\ \frac{\partial p}{\partial y}\\ \frac{\partial p}{\partial z}\end{bmatrix}$$

③ ∇^2为 Laplace 算子，也可记为Δ，$\nabla^2=\frac{\partial^2}{\partial x^2}+\frac{\partial^2}{\partial y^2}+\frac{\partial^2}{\partial z^2}$

所以，写成坐标分量的形式后，运动方程为

$$\begin{cases}\frac{\mathrm{d}u}{\mathrm{d}t}=\frac{\partial u}{\partial t}+u\frac{\partial u}{\partial x}+v\frac{\partial u}{\partial y}+w\frac{\partial u}{\partial z}=f_x-\frac{1}{\rho}\frac{\partial p}{\partial x}+\nu\left(\frac{\partial^2 u}{\partial x^2}+\frac{\partial^2 u}{\partial y^2}+\frac{\partial^2 u}{\partial z^2}\right)\\ \frac{\mathrm{d}v}{\mathrm{d}t}=\frac{\partial v}{\partial t}+u\frac{\partial v}{\partial x}+v\frac{\partial v}{\partial y}+w\frac{\partial v}{\partial z}=f_y-\frac{1}{\rho}\frac{\partial p}{\partial y}+\nu\left(\frac{\partial^2 v}{\partial x^2}+\frac{\partial^2 v}{\partial y^2}+\frac{\partial^2 v}{\partial z^2}\right)\\ \frac{\mathrm{d}w}{\mathrm{d}t}=\frac{\partial w}{\partial t}+u\frac{\partial w}{\partial x}+v\frac{\partial w}{\partial y}+w\frac{\partial w}{\partial z}=f_z-\frac{1}{\rho}\frac{\partial p}{\partial z}+\nu\left(\frac{\partial^2 w}{\partial x^2}+\frac{\partial^2 w}{\partial y^2}+\frac{\partial^2 w}{\partial z^2}\right)\end{cases}\tag{3-3}$$

假定流动是一维的，因而有

$$u=V(x,\ t)=V,\ v=w=0$$

此时，N-S 方程成为

$$\begin{cases}\frac{\mathrm{d}V}{\mathrm{d}t}=\frac{\partial V}{\partial t}+V\frac{\partial V}{\partial x}=-\frac{1}{\rho}\frac{\partial p}{\partial x}+\nu\frac{\partial^2 V}{\partial x^2}\\ \frac{\partial p}{\partial y}=\frac{\partial p}{\partial z}=0\end{cases}\tag{3-4}$$

黏性力项$\nu\frac{\partial^2 V}{\partial x^2}$在有压管道下可认为是管壁上切应力的作用。考虑到管壁上切应力的方向总是和流速方向相反，可以把它记成下列形式：

$$\nu\frac{\partial^2 V}{\partial x^2}=-fQ\,|Q|^{1-m}g$$

于是，运动方程取如下形式：

$$\frac{\partial V}{\partial t}+V\frac{\partial V}{\partial x}+\frac{1}{\rho}\frac{\partial p}{\partial x}+fQ\,|Q|^{1-m}g=0\tag{3-5}$$

因为：$V=Q/\omega$，$p=\rho gH$

所以：$\frac{\partial V}{\partial t}=\frac{1}{\omega}\frac{\partial Q}{\partial t}$，$\frac{\partial V}{\partial x}=\frac{1}{\omega}\frac{\partial Q}{\partial x}$，$\frac{\partial p}{\partial t}=\rho g\frac{\partial H}{\partial t}$，$\frac{\partial p}{\partial x}=\rho g\frac{\partial H}{\partial x}$

代入式(3-5)，可得：

$$\frac{1}{g\omega}\left(\frac{\partial Q}{\partial t}+V\frac{\partial Q}{\partial x}\right)+\frac{\partial H}{\partial x}+fQ\,|Q|^{1-m}=0\tag{3-6}$$

如再进一步假定$\frac{\partial Q}{\partial t}\gg V\frac{\partial Q}{\partial x}$，式(3-6)成为

$$\frac{1}{g\omega}\frac{\partial Q}{\partial t}+\frac{\partial H}{\partial x}+fQ\,|Q|^{1-m}=0\tag{3-7}$$

若略去液体的黏性，则式(3-7)成为

$$\frac{1}{g\omega}\frac{\partial Q}{\partial t}+\frac{\partial H}{\partial x}=0\tag{3-8}$$

式(3-6)~式(3-8)为三种情形下水击的运动微分方程。

(2) 柱坐标系下的 N-S 方程

$$\frac{\mathrm{d}V_x}{\mathrm{d}t}=\frac{\partial V_x}{\partial t}+V_r\frac{\partial V_x}{\partial r}+\frac{V_\theta}{r}\frac{\partial V_x}{\partial \theta}+V_x\frac{\partial V_x}{\partial x}=f_x-\frac{1}{\rho}\frac{\partial p}{\partial x}+\nu\left(\frac{\partial^2 V_x}{\partial r^2}+\frac{1}{r}\frac{\partial V_x}{\partial r}+\frac{1}{r^2}\frac{\partial^2 V_x}{\partial \theta^2}+\frac{\partial^2 V_x}{\partial x^2}\right)$$

$$\begin{aligned}\frac{\mathrm{d}V_r}{\mathrm{d}t}&=\frac{\partial V_r}{\partial t}+V_r\frac{\partial V_r}{\partial r}+\frac{V_\theta}{r}\frac{\partial V_r}{\partial \theta}+V_x\frac{\partial V_r}{\partial x}-\frac{V_\theta^2}{r}\\&=f_r-\frac{1}{\rho}\frac{\partial p}{\partial r}+\nu\left(\frac{\partial^2 V_r}{\partial r^2}+\frac{1}{r}\frac{\partial V_r}{\partial r}+\frac{1}{r^2}\frac{\partial^2 V_r}{\partial \theta^2}+\frac{\partial^2 V_r}{\partial x^2}-\frac{2}{r^2}\frac{\partial V_\theta}{\partial \theta}-\frac{V_r}{r^2}\right)\end{aligned}$$

$$\begin{aligned}\frac{\mathrm{d}V_\theta}{\mathrm{d}t}&=\frac{\partial V_\theta}{\partial t}+V_r\frac{\partial V_\theta}{\partial r}+\frac{V_\theta}{r}\frac{\partial V_\theta}{\partial \theta}+V_x\frac{\partial V_\theta}{\partial x}+V_x\frac{V_\theta}{r}\\&=f_\theta-\frac{1}{\rho r}\frac{\partial p}{\partial \theta}+\nu\left(\frac{\partial^2 V_\theta}{\partial r^2}+\frac{1}{r}\frac{\partial V_\theta}{\partial r}+\frac{1}{r^2}\frac{\partial^2 V_\theta}{\partial \theta^2}+\frac{\partial^2 V_\theta}{\partial x^2}+\frac{2}{r^2}\frac{\partial V_r}{\partial \theta}-\frac{V_\theta}{r^2}\right)\end{aligned}$$

令 x 轴与管轴线重合并指向流动方向。假定流动是二维的，且有

$$\begin{cases}V_x=V(x,\ r,\ t)\\V_r=0,\ V_\theta=0\\V_x\dfrac{\partial V_x}{\partial x}\ll\dfrac{\partial V_x}{\partial t},\ \dfrac{\partial^2 V_x}{\partial x^2}\ll\dfrac{\partial^2 V_x}{\partial r^2}\end{cases}$$

在以上假设条件下，运动方程成为

$$\frac{\mathrm{d}V}{\mathrm{d}t}+\frac{1}{\rho}\frac{\partial p}{\partial x}-\nu\left(\frac{\partial^2 V}{\partial r^2}+\frac{1}{r}\frac{\partial V}{\partial r}\right)=0$$

$$\frac{\partial p}{\partial r}=0,\ \frac{1}{r}\frac{\partial p}{\partial \theta}=0$$

后两个方程只表明压力沿过流断面为常数，这是均匀流的必然结果。与直角坐标系中的一维流动情况一样，这里有

$$\frac{\mathrm{d}V}{\mathrm{d}t}=\frac{\partial V}{\partial t},\ \frac{\mathrm{d}p}{\mathrm{d}t}=\frac{\partial p}{\partial t}+V\frac{\partial p}{\partial x}$$

3.1.2　连续方程

笛卡尔坐标系下的连续性方程

$$\frac{\mathrm{d}\rho}{\mathrm{d}t}=\frac{\partial \rho}{\partial t}+\frac{\partial(\rho u)}{\partial x}+\frac{\partial(\rho v)}{\partial y}+\frac{\partial(\rho w)}{\partial z}=0$$

假定流动是一维的，因而有

$$u=V(x,\ t)=V,\ v=w=0$$

连续方程则为

$$\frac{\partial \rho}{\partial t}+\frac{\partial(\rho V)}{\partial x}=0$$

因为：
$$\frac{\partial(\rho V)}{\partial x}=\rho\frac{\partial V}{\partial x}+V\frac{\partial \rho}{\partial x},\ \frac{\mathrm{d}\rho}{\mathrm{d}t}=\frac{\partial \rho}{\partial t}+V\frac{\partial \rho}{\partial x}$$

所以，连续方程成为：
$$\frac{\partial \rho}{\partial t}+\rho\frac{\partial V}{\partial x}+V\frac{\partial \rho}{\partial x}=0$$

即：

$$\frac{d\rho}{dt} + \rho\frac{\partial V}{\partial x} = 0 \tag{3-9}$$

根据液体体积弹性系数的定义

$$K = -\Delta p\frac{V}{\Delta V} = \Delta p\frac{\rho}{\Delta\rho} \tag{3-10}$$

可得

$$K\frac{d\rho}{dt} = \rho\frac{dp}{dt}$$

将其代入式(3-10)，整理后可得

$$\frac{dp}{dt} + K\frac{\partial V}{\partial x} = 0 \tag{3-11}$$

或写成

$$\frac{\partial p}{\partial t} + V\frac{\partial p}{\partial x} + K\frac{\partial V}{\partial x} = 0 \tag{3-12}$$

因 $K=a^2\rho$、$V=Q/\omega$、$p=\rho gH$，式(3-12)可写成

$$\frac{\partial H}{\partial t} + V\frac{\partial H}{\partial x} + \frac{a^2}{g\omega}\frac{\partial Q}{\partial x} = 0 \tag{3-13}$$

对于非恒定流动，$\frac{\partial H}{\partial t} \gg V\frac{\partial H}{\partial x}$，于是，式(3-13)又可写成

$$\frac{\partial H}{\partial t} + \frac{a^2}{g\omega}\frac{\partial Q}{\partial x} = 0 \tag{3-14}$$

式中，a 为声波在流体中的传播速度。

所以，输流管道弹性水击控制方程可以归纳为：

（1）完整形式的控制方程

$$\left.\begin{aligned} &\frac{1}{g\omega}\left(\frac{\partial Q}{\partial t} + V\frac{\partial Q}{\partial x}\right) + \frac{\partial H}{\partial x} + fQ\left|Q\right|^{1-m} = 0 \\ &\frac{\partial H}{\partial t} + V\frac{\partial H}{\partial x} + \frac{a^2}{g\omega}\frac{\partial Q}{\partial x} = 0 \end{aligned}\right\} \tag{3-15}$$

（2）忽略速度迁移项的控制方程

$$\left.\begin{aligned} &\frac{1}{g\omega}\frac{\partial Q}{\partial t} + \frac{\partial H}{\partial x} + fQ\left|Q\right|^{1-m} = 0 \\ &\frac{\partial H}{\partial t} + \frac{a^2}{g\omega}\frac{\partial Q}{\partial x} = 0 \end{aligned}\right\} \tag{3-16}$$

（3）忽略速度迁移项和摩阻项的控制方程

$$\left.\begin{aligned} &\frac{1}{g\omega}\frac{\partial Q}{\partial t} + \frac{\partial H}{\partial x} = 0 \\ &\frac{\partial H}{\partial t} + \frac{a^2}{g\omega}\frac{\partial Q}{\partial x} = 0 \end{aligned}\right\} \tag{3-17}$$

3.2 水击波的衰减和管道的充装

对于水力摩阻接近于、甚至大于水击压力的输流管道，忽略摩阻的水击分析没有任何的工程价值。例如长距离输油管道，各个泵站各自提供的压力达到几十个大气压力，在大多数情况下，站压的大部分甚至全部都是用于克服摩擦阻力的，而惯性水击压力，即使是终端阀门瞬时关闭，也仅为站压的几分之一。因此，管道沿线在初始水击波经过时并不停流，只是流动受到阻滞。这种剩余流动的存在造成管道充装和水击波衰减。

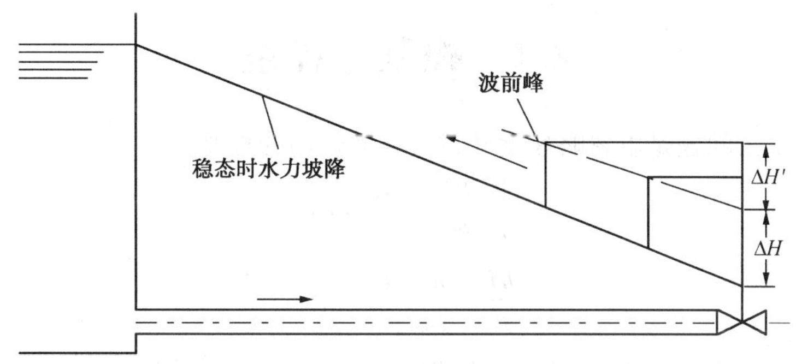

图 3-1 波峰衰减与管道充装

如图 3-1 所示，长距离管道下游阀门突然关闭时，产生惯性水击压头 ΔH。在该水击波向上游推进的过程中，将出现一个高于原先稳态坡降的压头线。由于有坡降存在，波后的流体会继续向下游流去，只是流速比稳态时减小了。既然下游的阀门已经关闭，向下游流去的液体就只能由管道膨胀和液体压缩来容纳，而这必然以压力增高为条件；压力之所以能够增高，则是流动减慢、摩阻减小的结果。这个过程叫做管道充装(line packing)，简称充装。从图 3-1 可以看出，阀门处压头的增量由两部分组成：①惯性水击压头 ΔH；② 管道充装压头 $\Delta H'$；管道愈长，充装压头愈大。

因此，水击波在向上游推进过程中，峰面上仍有液体流动，这说明管道沿线在波峰到达之处，液流速度的变化量小于终端的变化量，而且随着波峰向上游推进，波峰后出现的剩余容积将进一步增大，峰面上速度的变化将进一步减小。因此，惯性水击在传播过程中是不断减小的，这种现象称为波峰衰减(wave attenuation)，简称衰减。衰减的程度取决于管径、管道长度、液体性质等一系列因素。对于站间距离为 50~60km 的大口径输油管道，下站的惯性水击传播到上站时大体上要衰减 2/3~3/4。水击波在传播过程中的能量消耗也会使水击衰减，但是与同一时期内的上述衰减相比要小得多。

实际上，短管道的水击也同样存在着上述的充装和衰减现象，只不过它们很轻微，可以忽略不计。

第4章 波 动 法

波动法通常考虑流体的压缩性，但不考虑流动的沿程摩阻损失。其研究的控制方程是忽略速度迁移项和摩阻项的水击控制组。本方法由于不计黏性阻力对压力波传递过程的影响，故得不到波动的衰减过程，所以，此法只能用来求未经衰减的波动。

4.1 控制方程组

波动法分析水击问题是以忽略速度迁移项和摩阻项的控制方程，即

$$\left.\begin{aligned}\frac{1}{g\omega}\frac{\partial Q}{\partial t}+\frac{\partial H}{\partial x}=0\\ \frac{\partial H}{\partial t}+\frac{a^2}{g\omega}\frac{\partial Q}{\partial x}=0\end{aligned}\right\} \tag{4-1}$$

上述两式分别对 t 和 x 各再求一次导数，经运算后可得数学中描述波动现象的波动方程：

$$\left.\begin{aligned}\frac{\partial^2 H}{\partial x^2}-\frac{1}{a^2}\frac{\partial^2 H}{\partial t^2}=0\\ \frac{\partial^2 Q}{\partial x^2}-\frac{1}{a^2}\frac{\partial^2 Q}{\partial t^2}=0\end{aligned}\right\}$$

这是数学中描述波动现象的波动方程。将 x 轴的正方向定为从阀门到水库，则此波动方程的解可写为：

$$H-H_0=F\left(t-\frac{x}{a}\right)+f\left(t+\frac{x}{a}\right) \tag{4-2}$$

$$Q-Q_0=-\frac{g\omega}{a}\left[F\left(t-\frac{x}{a}\right)-f\left(t+\frac{x}{a}\right)\right] \tag{4-3}$$

式中 F 和 f——未知函数。

波动方程给出管道任一截面 x 在任一时刻 t 的压头和流量的变化值，说明它们的变化是 $F\left(t-\dfrac{x}{a}\right)$ 和 $f\left(t+\dfrac{x}{a}\right)$ 这两个波合成的结果，前者叫直接波，后者叫反射波。直接波和反射波都是 t 和 x 的函数，但具体数值则完全由边界条件决定，与 t 和 x 的值无关。现以图 4-1 作简略的描述。

假设在 $t=0$ 的时刻将终端阀门关闭，则在阀门处产生惯性水击压头 $\Delta H=aQ_0/(g\omega)$，用函数 $F(t-x/a)$ 来表示，此函数为 $F(0-0/a)=F(0)=\Delta H$。到了时刻 t，波行驶到 x 处，$x=at$，$F(t-x/a)=F\left(t-\dfrac{at}{a}\right)=F(0)$，波值依然是 $F(0)$ 所代表的数值 ΔH。这个波是随时间向上游推进的。

在 $t<L/a$ 的时间内没有反射波，即 $f(t+x/a)=0$。当 $t=L/a$ 时，产生反射波 $-\Delta H$，用函

数 $f(L/a+0/a)$ 表示，$f(L/a)=-\Delta H$。这个波是随时间向下游推进的，且都是 $f(L/a)$。

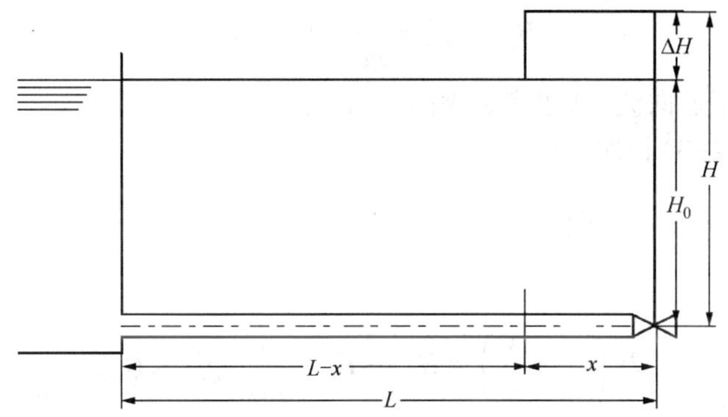

图 4-1　直接波的传播

由此可见，当管道突然关阀产生水击时，在忽略摩阻的情况下，管道各截面上压头和流量的变化是数值不变的两个波来回传播的结果。缓慢关闭阀门的分析可以按这个原理进行。

式(4-2)和式(4-3)两式相加，得

$$2F\left(t-\frac{x}{a}\right)=H-H_0-\frac{a}{g\omega}(Q-Q_0) \tag{4-4}$$

从管道上取两个断面 A 和 B，如图 4-2 所示。

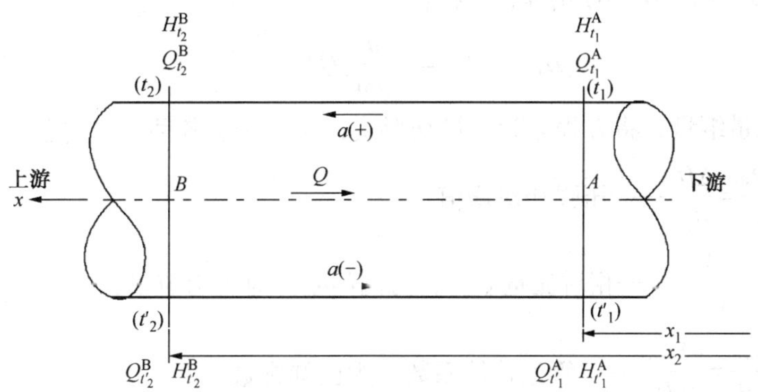

图 4-2　波动法计算示意图

考虑正向波(从阀门到水库方向)：

对断面 A：

$$2F\left(t_1-\frac{x_1}{a}\right)=H_{t_1}^{A}-H_0-\frac{a}{g\omega}(Q_{t_1}^{A}-Q_0) \tag{4-5}$$

对断面 B：

$$2F\left(t_2-\frac{x_2}{a}\right)=H_{t_2}^{B}-H_0-\frac{a}{g}(Q_{t_2}^{B}-Q_0) \tag{4-6}$$

t_1时刻水击波在 A，t_2时刻水击波在 B，所以：$t_2=t_1+\frac{x_2-x_1}{a}$

由此可得：

$$t_2-\frac{x_2}{a}=t_1-\frac{x_1}{a}$$

所以式(4-5)与式(4-6)式相等，可得：

$$H_{t_1}^{A} - H_{t_2}^{B} = \frac{a}{g\omega}(Q_{t_1}^{A} - Q_{t_2}^{B}) \tag{4-7}$$

同理可得，对于逆向波(从水库到阀门方向)

式(4-2)和式(4-3)相加，得：

$$2f\left(t + \frac{x}{a}\right) = H - H_0 + \frac{a}{g\omega}(Q - Q_0) \tag{4-8}$$

对断面 A：

$$2f\left(t'_1 + \frac{x_1}{a}\right) = H_{t'_1}^{A} - H_0 + \frac{a}{g\omega}(Q_{t'_1}^{A} - Q_0) \tag{4-9}$$

对断面 B：

$$2f\left(t'_2 + \frac{x_2}{a}\right) = H_{t'_2}^{B} - H_0 + \frac{a}{g\omega}(Q_{t'_2}^{B} - Q_0) \tag{4-10}$$

t'_2 时刻水击波在 B，t'_1 时刻水击波在 A，所以：$t'_1 = t'_2 + \frac{x_2 - x_1}{a}$

由此可得：

$$t'_1 + \frac{x_1}{a} = t'_2 + \frac{x_2}{a}$$

所以式(4-9)与式(4-10)相等，可得：

$$H_{t'_1}^{A} - H_{t'_2}^{B} = -\frac{a}{g\omega}(Q_{t'_1}^{A} - Q_{t'_2}^{B}) \tag{4-11}$$

引入下列无量纲量，将方程化为无量纲形式，它适用于各种水击问题。

$\xi = \frac{H - H_0}{H_0} = \frac{\Delta H}{H_0}$ ——压强相对增值；

$\eta = \frac{Q}{Q_{max}} = \frac{V}{V_{max}}$ ——相对流量 Q_{max}，为阀门全开时管道流量；

$\mu = \frac{aQ_{max}}{2g\omega H_0} = \frac{aV_{max}}{2gH_0}$ ——管道特性系数，为已知常数。

将上述各式代入式(4-7)、式(4-11)后方程化为如下无量纲方程：

$$\xi_{t_1}^{A} - \xi_{t_2}^{B} = 2\mu(\eta_{t_1}^{A} - \eta_{t_2}^{B}) \quad \text{(下游向上游传播)} \tag{4-12}$$

$$\xi_{t'_1}^{A} - \xi_{t'_2}^{B} = -2\mu(\eta_{t'_1}^{A} - \eta_{t'_2}^{B}) \quad \text{(上游向下游传播)} \tag{4-13}$$

通过引入边界条件，可对上述方程进行求解。

4.2 定解条件

4.2.1 初始条件

初始条件是指水击发生前，即恒定流沿管各断面的水力要素。阀门关闭时的初始条件：

$$\begin{cases} Q|_{t=0} = Q_0 \\ H|_{t=0} = H_0 \end{cases}$$

4.2.2 边界条件

边界条件为所研究的管道系统上某些断面的水流条件，它在非恒定流过程中起控制作用。边界条件视具体情况而定。对于简单管道系统，有上、下游两个边界条件。

对于管道上游端 B 为大容器(如水库、大油罐)，因为液位不随管内非恒定流而变化，所以上游 B 端的液位不随时间变化，即

$$H^{B} = H_0 \text{ 或 } \xi^{B} = 0$$

管道末端的边界条件比较复杂，它与流量的控制机构及泵等条件有关。

对于管道下游端 A 用阀门来控制流量，液流经阀门流入大气。这时，边界条件与阀门型式及启闭方式有关。一般可以把阀门看作是一个孔口，通过阀门的流量可近似地表示为

$$Q = C_Q \omega_t \sqrt{2gH_t^{A}} \tag{4-14}$$

式中 C_Q——阀门的流量系数，计算中不考虑它随阀门开度而变化，即认为是常数；

ω_t——阀门过流截面面积；

H_t^{A}——阀门前管道断面处的水头。

t 瞬时 A 端的管内流量为

$$Q = C_Q \omega_t \sqrt{2gH_t^{A}} \tag{4-15}$$

式中 ω_t——管道的过流断面积。

假定阀门全开时，$\omega_t = \omega_{t_{max}}$，水头为 H_0，管内流量为 Q_{max}

$$Q_{max} = C_Q \omega_{t_{max}} \sqrt{2gH_0} \tag{4-16}$$

t 瞬时 A 端的管内相对流量为

$$\eta_t^{A} = \frac{Q_t^{A}}{Q_{max}} = \frac{\omega_t}{\omega_{t_{max}}} \sqrt{\frac{H_t^{A}}{H_0}} = \tau_t \sqrt{1 + \xi_t^{A}} \tag{4-17}$$

式中，$\tau_t = \omega_t / \omega_{t_{max}}$ 为阀门在 t 时刻的相对开度，其值在 0 与 1 之间。如果已知阀门开度 τ 随时间 t 的变化规律，即对于任意指定瞬时 t，均可确定相应的开度 τ_t 值，如图 4-3 所示的阀门直线关闭和开启的情形，那么式(4-17)也就确定了 η_t^{A} 和 ξ_t^{A} 的关系。

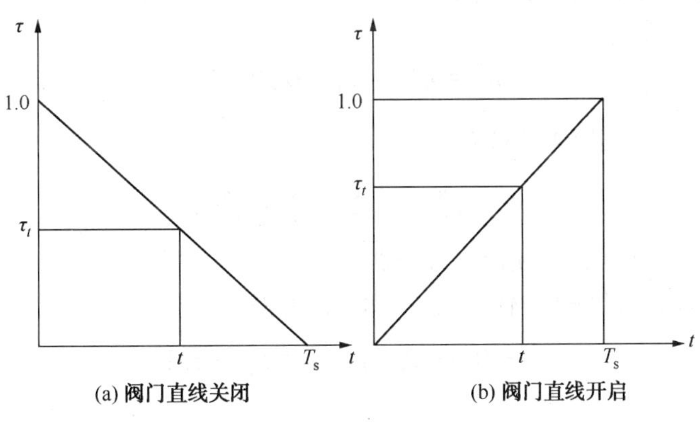

图 4-3 阀门直线关闭和开启示意图

4.3 数 值 解

4.3.1 直接水击最大增压

假定原先阀门完全开启，$Q_0=Q_{\max}$。现令阀门瞬间关闭，关阀时间 $T_s \leqslant T_r$，即产生直接水击。在此情况下，阀门最先关闭时产生的水击波尚未返回到阀门时，阀门已关闭完成(图4-4)。这样，因阀门关闭所引起的水击增压将一直保持到第一相末。而当第二相开始瞬时，减压波才抵达阀门处，使水击压强减小。所以，直接水击第一相末的水击压强为水击的最大值。

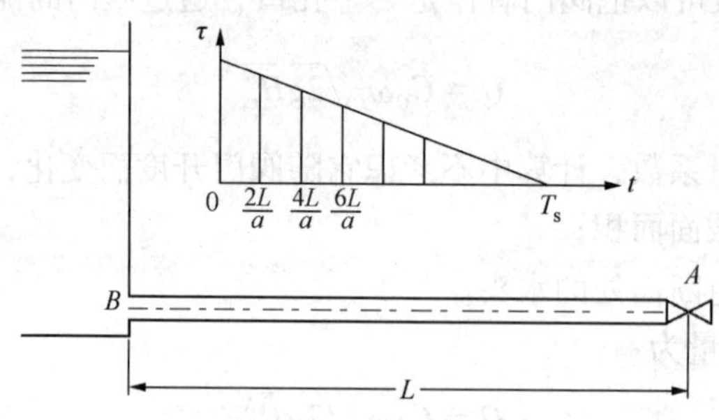

图 4-4　波动法求解过程

水击波从 $t=0$ 到 L/a 时段，从阀门处向上游传播，由式(4-12)计算，从 $t=L/a$ 到 $2L/a$，水击波从管道入口处向阀门下游处传播，由式(4-13)计算。

为了简化书写，将式中的时间下标用相的倍数来表示，例如 $\xi_{t=L/a}=\xi_{0.5}$、$\xi_{t=2L/a}=\xi_1$ 等。

$t=0\rightarrow\dfrac{L}{a}$时段内，由式(4-12)有：

$$\xi_0^A-\xi_{0.5}^B=2\mu(\eta_0^A-\eta_{0.5}^B) \tag{4-18}$$

由式(4-17)，因 $\xi_0^A=\dfrac{H_0^A-H_0}{H_0}=0$，因此可得 $t=0$ 时刻阀门 A 处的边界条件为：

$$\eta_0^A=\tau_0\sqrt{1+\xi_0^A}=\tau_0 \tag{4-19}$$

管道入口 B 处的边界条件为：$\xi_{0.5}^B=0$

所以，式(4-18)变为

$$\eta_0^A=\eta_{0.5}^B=\tau_0=Q_0/Q_{\max}$$

$t=\dfrac{L}{a}\rightarrow\dfrac{2L}{a}$时段内，由式(4-13)有：

$$\xi_1^A-\xi_{0.5}^B=-2\mu(\eta_1^A-\eta_{0.5}^B) \tag{4-20}$$

阀门 A 处的边界条件也为：$\eta_1^A=\tau_1\sqrt{1+\xi_1^A}$

将两个边界条件和式(4-19)代入式(4-20)，可得：

$$\xi_1^A-0=-2\mu(\tau_1\sqrt{1+\xi_1^A}-\tau_0) \tag{4-21}$$

或

$$\tau_1\sqrt{1+\xi_1^A}=\tau_0-\frac{\xi_1^A}{2\mu} \tag{4-22}$$

上式为阀门关闭时的计算式。对于阀门打开时的情形，其计算式为：

$$\tau_1\sqrt{1-\xi_1^A}=\tau_0+\frac{\xi_1^A}{2\mu} \tag{4-23}$$

（1）阀门瞬时完全关闭

此时，$\tau_1=0$，$Q_1^A=0$，即：$\eta_1^A=0$，而$\mu=\dfrac{aV_{max}}{2gH_0}$、$\tau_0=\dfrac{V_0}{V_{max}}$

所以，式(4-22)变为：

$$\tau_0-\frac{\xi_1^A}{2\mu}=0$$

$$\xi_1^A=2\mu\tau_0=\frac{a}{g}\frac{V_{max}V_0}{H_0V_{max}}=\frac{a}{g}\frac{V_0}{H_0}$$

即

$$\Delta H=H_1^A-H_0=\frac{aV_0}{g} \tag{4-24}$$

（2）阀门瞬间不完全关闭

此时，$\tau_1\neq0$，$Q_1^A\neq0$，由式(4-17)有：$\eta_1^A=\dfrac{Q_1^A}{Q_{max}}=\tau_1\sqrt{1+\xi_1^A}$，代入式(4-22)得：$\eta_1^A=\tau_0-\dfrac{\xi_1^A}{2\mu}$

由此解得：

$$\Delta H=H_1^A-H_0=\frac{a}{g}(V_0-V_1^A)=\frac{a}{g\omega}(Q_0-Q_1^A) \tag{4-25}$$

上式中的下标 1 表示第一相末，A 表示在阀门处，Q_1^A 表示阀门不完全关闭后管内仍有的流量。

4.3.2 间接水击的最大增压

当阀门关闭时间大于一个相长，即 $T_s>2L/a$ 时，管道发生间接水击。此时最先发生的水击波反射回到阀门处，但阀门尚未关闭完毕。

由于阀门关闭或开启所产生的水击波从上游水库反射最后回到阀门处，因此，可能的最大水击压强总是发生在阀门断面处。此外，由于水击波从发生经反射回到原断面历时为一相，所以阀门处水击增压的改变总是发生于各相末的瞬时。因此，只需求出各相末阀门处的水击增压，其中最大者即为间接水击产生的最大增压值。

计算过程是逐相按阶段进行。

第一相末阀门处的水击增压计算与上述直接水击的求法完全相同。可按式(4-22)求 ξ_1^A。已知条件是 τ_0、μ 和 τ_1（根据边界条件求出）。

第二相末瞬时水击波也经历了两个传播阶段，时段 $2L/a\to3L/a$，由 A 到 B，时段 $3L/a\to4L/a$ 则由 B 返回到 A。因此，求第二相末阀门处水击压强增值也要分两段计算。

首先，在 $2L/a\to3L/a$ 时段内应用正向波联锁方程式(4-12)，可得

$$\xi_1^A-\xi_{1.5}^B=2\mu(\eta_1^A-\eta_{1.5}^B)$$

将边界条件 $\xi_{1.5}^{B}=0$ 及 $\eta_1^{A}=\tau_1\sqrt{1+\xi_1^{A}}$ 代入上式，可得

$$\xi_1^{A}-0=2\mu(\tau_1\sqrt{1+\xi_1^{A}}-\eta_{1.5}^{B})$$

或写为

$$\eta_{1.5}^{B}=\tau_1\sqrt{1+\xi_1^{A}}-\frac{\xi_1^{A}}{2\mu}$$

由第一相末压强公式(4-22)有 $\tau_1\sqrt{1+\xi_1^{A}}=\tau_0-\dfrac{\xi_1^{A}}{2\mu}$

代入上式可得

$$\eta_{1.5}^{B}=\tau_0-\frac{\xi_1^{A}}{\mu} \tag{4-26}$$

其次，在 $3L/a\to4L/a$ 时段内应用反向波联锁方程式(4-13)有

$$\xi_2^{A}-\xi_{1.5}^{B}=-2\mu(\eta_2^{A}-\eta_{1.5}^{B})$$

将边界条件 $\xi_{1.5}^{B}=0$ 及 $\eta_2^{A}=\tau_2\sqrt{1+\xi_2^{A}}$ 及式(4-26)代入上式，可得

$$\xi_2^{A}=-2\mu\left(\tau_2\sqrt{1+\xi_2^{A}}-\tau_0+\frac{\xi_1^{A}}{\mu}\right)$$

整理后可得

$$\tau_2\sqrt{1+\xi_2^{A}}=\tau_0-\frac{\xi_1^{A}}{\mu}-\frac{\xi_2^{A}}{2\mu} \tag{4-27}$$

式中，已知的是 τ_0、μ 和 τ_2(由 $\tau\sim t$ 曲线查得)及 ξ_1^{A}，未知量仅有 ξ_2^{A}，可以求得。

根据以上步骤，继续应用正反两向波的联锁方程，并结合边界条件即可求得各相末阀门处水击压强相对增值。例如，第 n 相末阀门处 ξ_n^{A} 值由下式求得：

$$\tau_n\sqrt{1+\xi_n^{A}}=\tau_0-\frac{\xi_n^{A}}{2\mu}-\frac{1}{\mu}\sum_{i=1}^{n-1}\xi_i^{A} \tag{4-28}$$

式中 τ_0、μ、ξ_1^{A}、ξ_2^{A}、…、ξ_{n-1}^{A} 和 τ_n 均已知，可以求得未知量 ξ_n^{A}。

显然，如果阀门的关闭时间愈长，相数就愈多，计算工作量也愈大。

为了简化计算，需要研究阀门处出现最大水击压强的规律。实践表明，阀门处最大水击增压常有两种可能：

① 出现于第一相末，即 $\xi_{max}^{A}=\xi_1^{A}$，称为首相水击。对于这种情况，仅需按式(4-22)计算 ξ_1^{A} 即可。

② 在阀门关闭结束时出现，称末相水击。在关闭过程中，压强逐步增高。

实测和计算都表明，这两种可能并非普遍适用，最大水击压强有时会在任何一相出现。所以对重要的设施，最好计算各相水击压强，择其最大者作为设计依据。

对于末相水击压强的计算，计算过程如下。

用 m 相表示末相，设阀门关闭时间为 T_s，按式(4-28)可分别写出第 m 相的计算式：

$$\tau_m\sqrt{1+\xi_m^{A}}=\tau_0-\frac{\xi_m^{A}}{2\mu}-\frac{1}{\mu}\sum_{i=1}^{m-1}\xi_i^{A}=\tau_0-\frac{\xi_m^{A}}{2\mu}-\frac{\xi_{m-1}^{A}}{2\mu}-\frac{1}{\mu}\sum_{i=1}^{m-2}\xi_i^{A}$$

第$(m-1)$相的计算式：

$$\tau_{m-1}\sqrt{1+\xi_{m-1}^{A}}=\tau_0-\frac{\xi_{m-1}^{A}}{2\mu}-\frac{1}{\mu}\sum_{i=1}^{m-2}\xi_i^{A}$$

实践表明，在阀门开度呈直线变化的情况下，随着相数的增加，水击相对压强增值愈趋近于 ξ_m^A。即 ξ_m^A 与 ξ_{m-1}^A 相当接近。当 $m>4$ 时，$\xi_m^A \approx \xi_{m-1}^A$。

所以可假定：$\xi_m^A=\xi_{m-1}^A$，然后以上两相减，可得

$$(\tau_{m-1}-\tau_m)\sqrt{1+\xi_m^A}=\frac{\xi_{m-1}^A}{2\mu}+\frac{\xi_m^A}{2\mu}=\frac{\xi_m^A}{\mu}$$

当阀门的相对开度 τ 与时间 t 成直线关系时，可按线性比例关系导出：

$$\tau_{m-1}-\tau_m=\frac{2L}{aT_s}$$

将此关系式代入上式，可得

$$\frac{2L}{aT_s}\sqrt{1+\xi_m^A}=\frac{\xi_m^A}{\mu}$$

令：$\sigma=\mu\dfrac{2L}{aT_s}=\dfrac{LV_{max}}{gH_0T_s}$（称为水击常数），则上式可写为

$$\sigma\sqrt{1+\xi_m^A}=\xi_m^A$$

由此解得：

$$\xi_m^A=\frac{\sigma}{2}(\sqrt{\sigma^2+4}+\sigma) \tag{4-29}$$

上式是对于阀门关闭时的末相水击压强相对增值。对于阀门打开时的情形，则是另一解，即

$$\xi_m^A=\frac{\sigma}{2}(\sqrt{\sigma^2+4}-\sigma) \tag{4-30}$$

如果 $\xi_m^A\leqslant 0.5$ 时，$\sqrt{1+\xi_m^A}\approx 1+\dfrac{1}{2}\xi_m^A$，则末相水击的近似计算公式为

① 阀门关闭时：

$$\xi_m^A=\frac{2\sigma}{2-\sigma} \tag{4-31}$$

② 阀门打开时：

$$\xi_m^A=\frac{2\sigma}{2+\sigma} \tag{4-32}$$

【例 4-1】有一铸铁管，直径 $D=200\text{mm}$，管壁厚 $\delta=10\text{mm}$，管中流速 $V_0=1.0\text{m/s}$。管道下游端阀门瞬间完全关闭，求水击压强增值。（已知 $E=9.8\times10^{10}\text{Pa}$，$K=1.96\times10^9\text{Pa}$）

【解】首先求水击波速，按水击波速公式

$$a=\sqrt{\frac{K/\rho}{1+\dfrac{K}{E}\dfrac{D}{\delta}}}=\sqrt{\frac{1.96\times10^9/1000}{1+98/196\times200/10}}=1183(\text{m/s})$$

因阀门瞬间完全关闭，发生直接水击，且 $Q=0$，所以

$$\Delta H^A=a\frac{V_0}{g}=1183\times1/9.8=120.7(\text{m 水柱})$$

相应的水击压强增值为

$$\Delta p^A=\rho g\Delta H^A=1000\times9.8\times120.7=1183\times10^3(\text{Pa})$$

【例 4-2】某水电站由一根压力钢管引水供一台水轮机发电。在钢管的末端装有自动调节流量的阀门。为简化计算，假定阀门按直线关系启闭。已知管长 $L=238\text{m}$，管内径 $D=800\text{mm}$，管壁厚度 $\delta=6\text{mm}$，水轮机的静水头 $H_0=100\text{m}$，阀门全开时通过水轮机的流量 $Q_{\max}=1.0\text{m}^3/\text{s}$，求阀门完全关闭的时间分别为 $T_s=0.5\text{s}$ 和 $T_s=3\text{s}$ 时的水击压强。(已知 $E=19.6\times10^{10}\text{Pa}$，$K=19.6\times10^8\ \text{Pa}$)

【解】求水击波速

$$a=\sqrt{\frac{K/\rho}{1+\frac{K}{E}\frac{D}{\delta}}}=\sqrt{\frac{19.6\times10^8/1000}{1+0.01\times800/6}}=916.5(\text{m/s})$$

计算水击相长，判别水击类型

$$T_r=2L/a=2\times238/916.5=0.52(\text{s})$$

当 $T_s=0.5\text{s}$ 时，$T_s<T_r$，发生直接水击；当 $T_s=3\text{s}$ 时，$T_s>T_r$，发生间接水击。

计算直接水击压强

$$V_{\max}=\frac{4Q}{\pi D^2}=\frac{4\times1.0}{\pi\times0.8^2}=2(\text{m/s})$$

$$\Delta H_{\max}^{\text{A}}=\frac{aV_{\max}}{g}=\frac{916.5\times2}{9.8}=187(\text{m})$$

计算间接水击压强

(1) 首相水击压强

据线性启闭关系，得

$$\tau_0=1,\ \tau_1=\tau_0-\frac{2L}{aT_s}=1-\frac{0.52}{3}=0.83$$

管道特性系数：
$$\mu=\frac{aV_{\max}}{2gH_0}=\frac{916.5\times2}{2\times9.8\times100}=0.94$$

水击常数：
$$\sigma=\frac{LV_{\max}}{gH_0T_s}=\frac{238\times2}{9.8\times100\times3}=0.162$$

由第一相末水击计算公式：$\tau_1\sqrt{1+\xi_1^{\text{A}}}=\tau_0-\frac{\xi_1^{\text{A}}}{2\mu}$，得

$$0.83\sqrt{1+\xi_1^{\text{A}}}=1-\frac{\xi_1^{\text{A}}}{2\times0.94}=1-0.532\xi_1^{\text{A}}$$

解此方程，得

$$\xi_1^{\text{A}}=5.45(\text{该根不合理，因为它比直接水击还大})$$

$$\xi_1^{\text{A}}=0.18$$

因此
$$\Delta H_1^{\text{A}}=\xi_1^{\text{A}}H_0=0.18\times100=18(\text{m 水柱})$$

(2) 末相水击压强

由末相末水击计算公式：$\xi_m^{\text{A}}=\frac{\sigma}{2}(\sqrt{\sigma^2+4}+\sigma)=\frac{0.162}{2}\sqrt{0.162^2+4}+0.162=0.176$

因此
$$\Delta H_m^{\text{A}}=\xi_m^{\text{A}}H_0=0.176\times100=17.6(\text{m 水柱})$$

从上面计算结果看出，间接水击发生在首相。阀门关闭时间 3s 时所产生的间接水击压强远小于直接水击产生的压强。

第5章 特征线法

特征线法是解双曲型偏微分方程初边值问题的特有方法。本方法有以下优点：

（1）具有较高的计算精度，是各种有限差分数值计算中最精确的一种；

（2）适用于复杂的管道系统和复杂的初边值条件；

（3）可以很方便地考虑流体的可压缩性和黏性所形成的损失，以及空化等物理过程；

（4）运算稳定，适于计算机数值仿真计算。

5.1 控制方程组

式(3-15)写出了完整形式的运动方程和连续性方程，重新写出，并令它们分别为 L_1 和 L_2，即：

$$\left.\begin{aligned} L_1 &= \frac{1}{g\omega}\left(\frac{\partial Q}{\partial t} + V\frac{\partial Q}{\partial x}\right) + \frac{\partial H}{\partial x} + fQ\,|Q|^{1-m} = 0 \\ L_2 &= \frac{\partial H}{\partial t} + V\frac{\partial H}{\partial x} + \frac{a^2}{g\omega}\frac{\partial Q}{\partial x} = 0 \end{aligned}\right\}$$

将上式中的第二式乘以待定乘数 η 与第一式相加，经整理后可得

$$L = L_1 + \eta L_2 = \frac{1}{g\omega}\left[(V + \eta a^2)\frac{\partial Q}{\partial x} + \frac{\partial Q}{\partial t}\right] + \eta\left[\left(\frac{1}{\eta} + V\right)\frac{\partial H}{\partial x} + \frac{\partial H}{\partial t}\right] + fQ\,|Q|^{1-m} = 0 \tag{5-1}$$

因为：

$$\frac{\mathrm{d}Q}{\mathrm{d}t} = \frac{\partial Q}{\partial t} + \frac{\partial Q}{\partial x}\frac{\mathrm{d}x}{\mathrm{d}t} \tag{5-2}$$

$$\frac{\mathrm{d}H}{\mathrm{d}t} = \frac{\partial H}{\partial t} + \frac{\partial H}{\partial x}\frac{\mathrm{d}x}{\mathrm{d}t} \tag{5-3}$$

方程 L 和方程 L_1、L_2 一样，包含两个未知数 H 和 Q。但经这样组合后，方程 L 有可能变为全微分方程。以下探讨使它成为全微分方程的条件，即选择怎样的 η 值？

将式(5-1)与式(5-2)、式(5-3)比较可以看出，把式(5-1)化为常微分方程的关键在于规定 η 的物理意义和数值。在同时满足下列两个条件下，

$$(V + \eta a^2) = \frac{\mathrm{d}x}{\mathrm{d}t} \tag{5-4}$$

$$\left(\frac{1}{\eta} + V\right) = \frac{\mathrm{d}x}{\mathrm{d}t} \tag{5-5}$$

就可以得到常微分方程：

$$L = \frac{1}{g\omega}\frac{\mathrm{d}Q}{\mathrm{d}t} + \eta\frac{\mathrm{d}H}{\mathrm{d}t} + fQ\,|Q|^{1-m} = 0 \tag{5-6}$$

联解式(5-4)和式(5-5)可得：

$$\eta = \pm \frac{1}{a} \tag{5-7}$$

将式(5-7)代入式(5-6)可得：

$$\frac{a}{g\omega}\frac{\mathrm{d}Q}{\mathrm{d}t} \pm \frac{\mathrm{d}H}{\mathrm{d}t} + afQ\ |Q|^{1-m} = 0$$

改写为：

$$\frac{a}{g\omega}\mathrm{d}Q \pm \mathrm{d}H + afQ\ |Q|^{1-m}\mathrm{d}t = 0 \tag{5-8}$$

必须强调指出，式(5-8)不是独立的，在物理意义和数值上都是受式(5-4)和式(5-5)严格约束的，即其 x 与 t 的关系必须满足：

$$\frac{\mathrm{d}x}{\mathrm{d}t} = V \pm a \tag{5-9}$$

式中 V——管内液流的平均流速；

a——管内水击波的传播速度。

这个式子是有物理意义的。因为 a 为管中水击波相对于水流的传播速度，V 为管中水流的断面平均流速，这样，$\mathrm{d}x/\mathrm{d}t = V \pm a$ 必然是正向水击波($+a$)和反向水击波($-a$)传播的绝对速度。因此，这里的 x 并不是任意断面的坐标，而是某一水击波波峰所到达的断面的位置，它与水击波传播时间 t 之间有着如式(5-9)的联系。如果从式(5-9)的两个式子解出函数 $x=f_1(t)$ 及 $x=f_2(t)$，则这两组函数表示了正反两个水击波峰的运动规律。在 $x \sim t$ 坐标系中，它们各为一族曲线，斜率 $\mathrm{d}x/\mathrm{d}t$ 分别为 $V+a$ 及 $V-a$。如图 5-1 所示。这些曲线称为特征线。一般说来，特征线为曲线，在特殊情况下，不计 V，即：

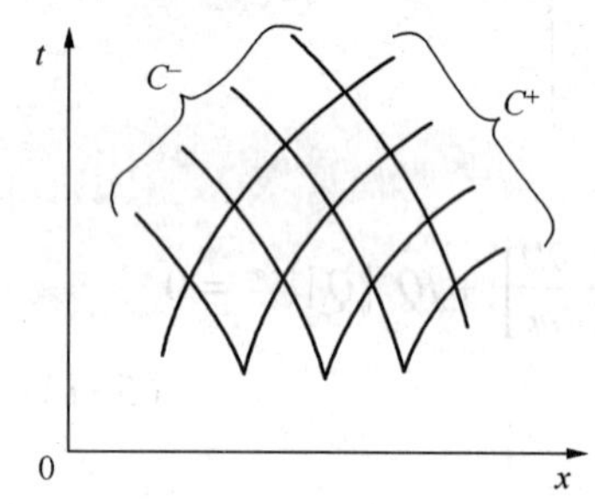

图 5-1　特征线示意图

$$\frac{\mathrm{d}x}{\mathrm{d}t} = \pm a \tag{5-10}$$

此时，特征线才为直线。

由上述可见，特征线决定了波峰的运动规律，同时也规定了沿波峰水头及流速的变化规律。因此，特征线只能沿波峰的轨迹求解水力要素。

现将以上四式分别就正、反向波写成方程组如下：

沿 C^+

$$\begin{cases} \dfrac{\mathrm{d}x}{\mathrm{d}t} = \begin{cases} V + a & \text{(完整的)} \\ +a & \text{(近似的)} \end{cases} & (5\text{-}11) \\ \dfrac{a}{g\omega}\mathrm{d}Q + \mathrm{d}H + afQ|Q|^{1-m}\mathrm{d}t = 0 & (5\text{-}12) \end{cases}$$

沿 C^-

$$\begin{cases} \dfrac{\mathrm{d}x}{\mathrm{d}t} = \begin{cases} V - a & \text{(完整的)} \\ -a & \text{(近似的)} \end{cases} & (5\text{-}13) \\ \dfrac{a}{g\omega}\mathrm{d}Q - \mathrm{d}H + afQ\ |Q|^{1-m}\mathrm{d}t = 0 & (5\text{-}14) \end{cases}$$

这四个方程总称为特征方程，式(5-11)和式(5-12)这组称为正特征方程或前向特征方程，记为 C^+；式(5-13)和式(5-14)这组称为负特征方程或后向特征方程，记为 C^-。一般称式(5-11)和式(5-13)为特征线方程，称式(5-12)和式(5-14)为相应特征线上水力要素必须满足的微分关系式或特征关系式，称为相容方程。

5.2 特征方程的物理意义

特征方程虽然已经是常微分方程，但由于摩阻项中 Q 与 t(或 x)的关系不能建立，无法积分出解析式，只能用数值方法计算。在研究数值方法之前，先说明特征方程的物理意义。为了简单明了，这里用近似的关系式，即：

沿 C^+
$$\begin{cases}\dfrac{\mathrm{d}x}{\mathrm{d}t}=+a & (5\text{-}15)\\ \dfrac{a}{g\omega}\mathrm{d}Q+\mathrm{d}H+afQ\,|Q|^{1-m}\mathrm{d}t=0 & (5\text{-}16)\end{cases}$$

沿 C^-
$$\begin{cases}\dfrac{\mathrm{d}x}{\mathrm{d}t}=-a & (5\text{-}17)\\ \dfrac{a}{g\omega}\mathrm{d}Q-\mathrm{d}H+afQ\,|Q|^{1-m}\mathrm{d}t=0 & (5\text{-}18)\end{cases}$$

不难看出，相容方程是微分形式的运动方程，但是它的应用条件与刚性水柱理论的运动方程是大不相同的，前者必须服从于 $\mathrm{d}x/\mathrm{d}t=\pm a$ 的关系，而后者只受限于 $\mathrm{d}Q/\mathrm{d}t$ 的大小，即受限于计算者可以接受的偏差。另一个不同之处是，前者中的流量不仅是 t 的函数，而且是 x 的函数，摩阻项是无法积分的，而后者的流量仅是 t 的函数，与 x 无关，摩阻项有时可以积分。

稳态是瞬态的特例，相容方程也应适合于稳态条件。若管段 ΔL 在所研究的时间范围内处于稳态，则其内流量不变，即 $Q=Q_0=$常数。在这种情况下，不论用哪一个相容方程都可以得到

$$H_\mathrm{A}-H_\mathrm{B}-fQ_0^{2-m}\Delta L=0$$

式中　H_A和H_B——管段 ΔL 两端的压头。

这是我们所熟知的稳态压头平衡方程。

若在某时刻，水击波的波峰到达管线上的 A 点，即在 A 点上有了一个扰动，则此扰动经过 $\mathrm{d}t$ 的时间将传播到上游 P′点和下游的 P 点，这两点距 A 点的距离是 $x'_\mathrm{P}-x_\mathrm{A}=-\mathrm{d}x=-a\mathrm{d}t$，$x_\mathrm{P}-x_\mathrm{A}=+\mathrm{d}x=+a\mathrm{d}t$；即 P′点和 P 点将在 $\mathrm{d}t=\mathrm{d}x/a$ 的时刻受到水击波波峰的影响，这两点在 $\mathrm{d}t$ 时刻的流速和压力的变化关系则由相容方程确定，即由式(5-12)或式(5-14)确定。以 P 点为例，将式(5-11)代入式(5-12)，可得

$$\frac{a}{g\omega}\mathrm{d}Q+\mathrm{d}H+afQ\,|Q|^{1-m}\mathrm{d}t=0$$

此式可用于建立下游(按液流方向，下同)P 点在 $\mathrm{d}t$ 时间内 Q_P 与 H_P 的关系，积分区间是从 A 点到 P 点，即

$$\frac{a}{g\omega}\int_\mathrm{A}^\mathrm{P}\mathrm{d}Q+\int_\mathrm{A}^\mathrm{P}\mathrm{d}H+f\int_\mathrm{A}^\mathrm{P}Q\,|Q|^{1-m}a\mathrm{d}t=0 \tag{a}$$

用类似的方法联解 C^-组方程，可以建立上游 P′点在 $\mathrm{d}t$ 时刻的 Q_P与 H_P的关系，积分区间是

从A点到P′点，即

$$\frac{a}{g\omega}\int_{A}^{P'}dQ-\int_{A}^{P'}dH+f\int_{A}^{P'}Q\left|Q\right|^{1-m}adt=0 \qquad (b)$$

两式中，A点的Q_A、H_A和x_A是已知条件，P和P′点的位置是满足$x_P-x_A=adt$和$x_{P'}-x_A=-adt$的自变量，因此各式有两个未知量：Q_P和H_P，$Q_{P'}$和$H_{P'}$。仅用一个积分式当然不能解出另一点的流量和压力，但如果在P点下游$dx=adt$处的B点的初始条件也已知，为Q_B和H_B，则P与B的关系自然也符合P′与A的关系，即

$$\frac{a}{g\omega}\int_{B}^{P}dQ-\int_{B}^{P}dH+f\int_{B}^{P}Q\left|Q\right|^{1-m}adt=0 \qquad (c)$$

于是，联解式(a)和式(c)即可求出Q_P与H_P。

因此可以认为，水力系统内总是不断地发出水击波，这些水击波或者为零，或者不为零(正值或负值)，它们的结合构成新的水力状态。若所有的水击波都为零，则新的状态与原状态相同。

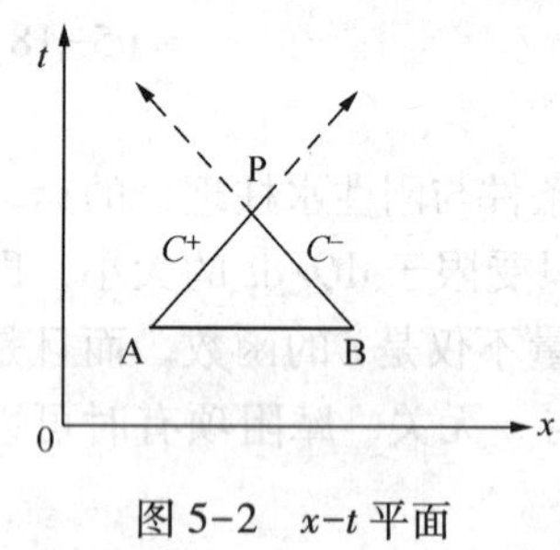

图5-2　$x-t$平面

现将上述分析过程画在图5-2所示的$x-t$平面上。A、B两点在某个时刻的流量和压头是已知的，它们或者是水击之前的稳态值，叫初始条件；或者是发生水击后已经计算出的瞬态值，叫前步条件；C^+是通过A点的斜线，其斜率为$dx/dt=+a$，C^-是通过B点的斜线，其斜率为$dx/dt=-a$，二者都表示A点和B点的水击波波峰行径的路径。相容方程式(5-12)只是在直线AP及其延长线上有效，式(5-14)只是在直线BP及其延长线上有效，因此称斜率$dx/dt=+a$的直线C^+是式(5-16)的特征线，斜率为$dx/dt=-a$的直线C^-是式(5-18)的特征线。P点位于C^+和C^-的交点，它与A、B两点不仅在位置上不同，而且在时间上也有差别，其流量和压头由联解两个相容方程求得。这里将波速a视为不变故为直线，这符合大多数水击的实际情况。但在某些情况下，例如液流中含有或析出气体时，波速不是常数，因而呈曲线，不是直线。

还可以对特征线作进一步的解释。如图5-3(a)所示，如果在B点有一个扰动，则后向特征线BC把$x-t$系统分成两个区域，其右上方的区域受B点的影响，而左下方的区域仅受初始(或前步)条件的支配。若A、B两点同时发生扰动，则情况如图5-3(b)所示。

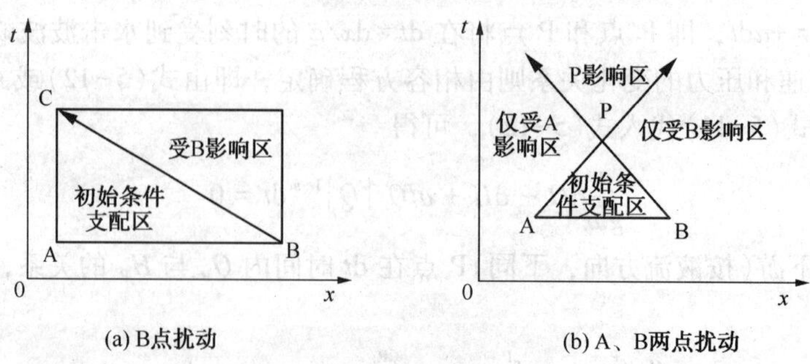

图5-3　各点影响区

5.3　近似水击控制方程的有限差分解法

近似的水击特征方程为

$$C^{+}\quad\begin{cases}\dfrac{\mathrm{d}x}{\mathrm{d}t}=+a\\[2mm]\dfrac{a}{g\omega}\mathrm{d}Q+\mathrm{d}H+afQ\,|Q|^{1-m}\mathrm{d}t=0\end{cases}$$

$$C^{-}\quad\begin{cases}\dfrac{\mathrm{d}x}{\mathrm{d}t}=-a\\[2mm]\dfrac{a}{g\omega}\mathrm{d}Q-\mathrm{d}H+afQ\,|Q|^{1-m}\mathrm{d}t=0\end{cases}$$

用有限差分法求积分的数值计算是克服积分难题的一个有效手段，特征方程的求解也采用这种手段。这里用差分法的关键是必须严格遵守水击过程的演变规律。

5.3.1　有限差分方程组

在有限差分计算中遇到的主要难题是水力摩阻项的计算。如前所述，摩阻的积分区间是在 x-t 平面上，从某点积分到在时间上与之相隔 Δt、在位置上与之相距 $\Delta x(x=a\Delta t)$ 的另一点。这里就取平面上的这两点为 A 和 P，B 和 P。在此积分区间内，流量的初值 Q_A 和 Q_B 应当是已知的，但以后它随时间和距离的变化的具体关系就难以表述了，最终的 Q_P 当然也就是个难知的参数，因此，摩阻的积分值只能用近似的计算方法计算。为了使此近似计算比较接近于实际，除了以列宾宗公式代替达西公式和缩短差分段的长度之外，采用恰当的方法来计算 $Q\,|Q|^{1-m}$ 尤其重要。

过去普遍采用两种方法，一种是“只顾一头”：

对于 A-P，取：

$$Q\,|Q|^{1-m}=Q_A\,|Q_A|^{1-m}$$

对于 B-P，取：

$$Q\,|Q|^{1-m}=Q_B\,|Q_B|^{1-m}$$

其优点是在每次计算时摩阻为已知，于是相容方程成为线性方程，解算十分简便；缺点是它全然不考虑其间流量的变化，精度必然较差。

另一种是“顾两头”，流量用其间前后的平均值：

对于 A-P，取：

$$Q\,|Q|^{1-m}=\frac{Q_A+Q_P}{2}\left|\frac{Q_A+Q_P}{2}\right|^{1-m}$$

对于 B-P，取：

$$Q\,|Q|^{1-m}=\frac{Q_B+Q_P}{2}\left|\frac{Q_B+Q_P}{2}\right|^{1-m}$$

其优点是精度高；缺点是相容方程中出现了非线性的待求量 Q_P，且 $1-m$ 次方的项需要展开，解算是比较麻烦的。为了减少麻烦，又采用变通的方法：

对于 A-P，取：

$$Q|Q|^{1-m} = \frac{Q_A + Q_P}{2^{2-m}}(|Q_A|^{1-m} + |Q_P|^{1-m})$$

对于 B-P，取：

$$Q|Q|^{1-m} = \frac{Q_B + Q_P}{2^{2-m}}(|Q_B|^{1-m} + |Q_P|^{1-m})$$

鉴于这些方法都不能兼有精度高和解算易的优点，1983 年斯特里特和怀利提出了一种新的方法：

对于 A-P，取：

$$Q|Q|^{1-m} = Q_P|Q_A|^{1-m}$$

对于 B-P，取：

$$Q|Q|^{1-m} = Q_P|Q_B|^{1-m}$$

由于新方法兼有上述两个优点，即一方面使相容方程成为线性方程，解算容易，另一方面在摩阻计算中也顾及流量的变化，精度较高，故以后章节据此导出有关的公式。

所以近似的水击特征方程的有限差分格式为：

$$C^+\begin{cases}\dfrac{\Delta x}{\Delta t} = +a & (5-19)\\ \dfrac{a}{g\omega}(Q_P - Q_A) + (H_P - H_A) + fQ_P|Q_A|^{1-m}a\Delta t = 0 & (5-20)\end{cases}$$

$$C^-\begin{cases}\dfrac{\Delta x}{\Delta t} = -a & (5-21)\\ \dfrac{a}{g\omega}(Q_P - Q_B) - (H_P - H_B) + fQ_P|Q_B|^{1-m}a\Delta t = 0 & (5-22)\end{cases}$$

把保持 $\Delta x/\Delta t = \pm a$ 的有限差分方程叫做正规的差分方程，其解叫做正规解。在正规的差分方程中，$a\Delta t$ 可以用 Δx 转换。

为了简化起见，今后写特征方程的差分形式时，不再写出 $\Delta x/\Delta t = \pm a$，将它们包含在 C^+ 和 C^- 的符号之中。

将上面的差分方程整理为：

$$C^+ \qquad H_P = R_A - S_A Q_P \tag{5-23}$$

$$C^- \qquad H_P = R_B + S_B Q_P \tag{5-24}$$

式中

$$R_A = H_A + C_W Q_A \tag{5-25}$$

$$R_B = H_B - C_W Q_B \tag{5-26}$$

$$S_A = C_W + f|Q_A|^{1-m}a\Delta t \tag{5-27}$$

$$S_B = C_W + f|Q_B|^{1-m}a\Delta t \tag{5-28}$$

$$C_W = \frac{a}{g\omega} \tag{5-29}$$

C_W 为惯性水击常数。

联解式(5-23)和式(5-24)可得：

$$Q_P = \frac{R_A - R_B}{S_A + S_B} \tag{5-30}$$

将 Q_P 代回到式(5-23)或式(5-24)，可求得 H_P。

在水力瞬变过程中，可能出现低于当地大气压力的低压。若计算出现某点的绝对压力 $[p=P_a+\rho g(H_{Pi}-Z_i)]$ 低于液体的饱和蒸汽压力，则认为液体会发生汽化，形成局部的汽穴流甚至液柱分离，其机理和计算方法将在下一章节中讨论。

5.3.2　基本的计算方法

以简单管道来说明上述有限差分方程的基本计算方法。在水力瞬变分析中，简单管道是指管道中间没有阻断相容方程有效性的部位。

瞬变计算按矩形网格的布局进行。如图 5-4 所示，在 x-t 平面上，取计算的时间间隔为 Δt，称为时步；计算的管段长度为 Δx，称为步长，这两者必须保持 $\Delta x = a\Delta t$ 的关系。Δx 还应当是管线的等分长度，即它应当恰好把管长 L 分为 N 个整数段。各个等分点按顺序(起点为 0)编号。网格的节点分为初始点、边界点和界内点三种。计算时先算出各初始节点的 Q 和 H，然后用它们计算下　个时步($t_0+\Delta t$)各点的 Q 和 H，之后又以此时步的数值计算下下个时步($t_0+2\Delta t$)的数值，一直计算到所要求的时间为止。为了通用起见，把式(5-23)～式(5-28)改写为：

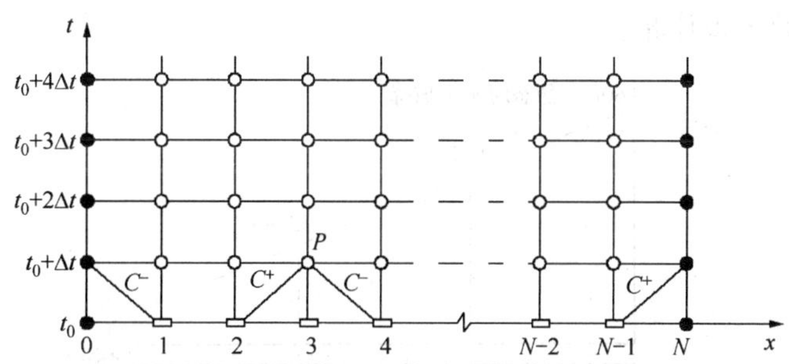

图 5-4　差分计算网格

长方框——初始点；实心圆圈——边界点；空心圆圈——界内点

$$Q_{Pj} = \frac{R^+_{j-1} - R^-_{j+1}}{S^+_{j-1} + S^-_{j+1}} \tag{5-31}$$

$$H_{Pj} = R^+_{j-1} - S^+_{j-1}Q_{Pj} = R^-_{j+1} + S^-_{j+1}Q_{Pj} \tag{5-32}$$

式中

$$R^+_{j-1} = H_{j-1} + C_W Q_{j-1} \tag{5-33}$$

$$R^-_{j+1} = H_{j+1} - C_W Q_{j+1} \tag{5-34}$$

$$S^+_{j-1} = C_W + f\,|Q_{j-1}|^{1-m} a\Delta t \tag{5-35}$$

$$S^-_{j+1} = C_W + f\,|Q_{j+1}|^{1-m} a\Delta t \tag{5-36}$$

这里有一个问题：通向边界点只有一条特征线，上游为 C^-_1，下游为 C^+_{N-1}，如何解出这两个边界点的 Q_P 和 H_P 两个参数值？这就要应用边界条件了。

边界条件 1：下游端阀门瞬时关闭。在这种情况下：

$$Q_{PN} = 0 \tag{5-37}$$

$$H_{PN} = R_{N-1}^{+} \tag{5-38}$$

当 $Q_P=0$ 时，摩阻计算的相对误差可能较大，但对全局的影响很小。

边界条件 2：上游端恒液位(H_0)容器。在这种情况下：

$$H_{P0} = H_0 \tag{5-39}$$

$$Q_{P0} = \frac{H_0 - R_1^{-}}{S_1^{-}} \tag{5-40}$$

差分计算的准确程度与时步的大小有密切关系。显然，时步越小，计算的准确度越高。不过，时步愈小步长也愈小，节点数目就更多，大约与时步数的平方成正比，因而计算量也大约与时步数的平方成正比。

【例 5-1】图 5-5 所示的管道，$d=0.2\text{m}$，$L=3000\text{m}$，$L_e=3050\text{m}$，$H_0=60\text{m}$，$H_3=20\text{m}$，自由流出，流动处于混合摩阻区，流态指数 $m=0.125$，$f=2.7(\text{s/m}^3)^{1.875}$，$a=1000\text{m/s}$。试进行终端阀门瞬时关闭的水击计算。

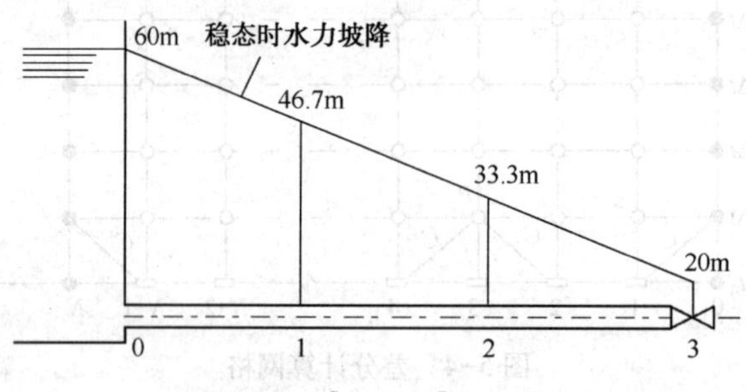

图 5-5 【例 5-1】示意图

【解】(1)水击常数计算：

首先画出 x-t 网格，将管道等分成三段($N=3$)，每段长度为 $\Delta x=L/N=1000\text{m}$，节点编号为 0、1、2、3，时步 $\Delta t=\Delta x/a=1000/1000=1\text{s}$。

再进行常数计算：

$$C_W = \frac{a}{g\omega} = \frac{1000}{9.81 \times \frac{1}{4}\pi \times 0.2^2} = 3244.7\ (\text{s/m}^2) = 0.9013\ (\text{h/m}^2)$$

由于 $L \neq L_e$，计算差分管段的摩阻时应取 $fL_e/N=2745\text{s}^{1.875}/\text{m}^{4.625}=5.8949\text{h}^{1.875}/\text{m}^{4.625}$。

(2)稳态计算：

稳态流量：$Q_0=\left(\frac{H_0-H_1}{fL_e}\right)^{\frac{1}{2-m}}=\left(\frac{60-20}{2.7\times3050}\right)^{\frac{1}{2-0.125}}=0.058(\text{m}^3/\text{s})=210.08(\text{m}^3/\text{h})$

节点 1 的稳态压头：$H_1=H_0-(fL_e/N)Q_0^{2-m}=60-2745\times0.058^{1.875}=46.7(\text{m})$

节点 2 的稳态压头：$H_2=H_0-2(fL_e/N)Q_0^{2-m}=60-2\times2745\times0.058^{1.875}=33.3(\text{m})$

(3)将开始瞬变的时刻定为 $t_0=0$，开始第二排节点参数的计算

$t=1\text{s}$ 时，水击波正好传播到节点 2，此时节点 0、1、2 的参数不发生变化。

节点 3(边界点)的参数为：

$$\begin{cases} Q_{P3} = 0 \\ H_{P3} = R_2^{+} = H_2 + C_W Q_2 = 33.3 + 0.9013 \times 210.08 = 33.3 + 189.35 = 222.65(\text{m}) \end{cases}$$

(注：上式中的数值 189.35m 为惯性水头，数值 33.3m 内包含有此差分段在前一时刻的压头损失值 33.33−20=

13.33m，在此时全部以充装压头的形式表现出来，数值有些偏高。）

$t=2$s 时，水击波正好传播到节点 1，此时节点 0、1 的参数不发生变化，节点 2、3 的参数要发生变化。

节点 3(边界点)的参数：

$$\begin{cases} Q_{P3} = 0 \\ H_{P3} = R_2^+ = H_2 + C_W Q_2 = 33.3 + 0.9013 \times 210.08 = 33.3 + 189.35 = 222.65(\text{m}) \end{cases}$$

节点 2(界内点)的参数，由式(5-31)~式(5-36)可得：

$$R_1^+ = H_1 + C_W Q_1 = 46.67 + 0.9013 \times 210.08 = 236.02(\text{m})$$

$$R_3^- = H_3 - C_W Q_3 = 222.65 - 0.9013 \times 0 = 222.65(\text{m})$$

$$S_1^+ = C_W + f\,|Q_1|^{1-m} a\Delta t = C_W + fL_e/N\,|Q_1|^{1-m}$$

$$= 0.9013 + 5.8949 \times 10^{-4} \times 210.08^{0.875} = 0.9648(\text{h/m}^2)$$

$$S_3^- = C_W + f\,|Q_3|^{1-m} a\Delta t = C_W + fL_e/N\,|Q_3|^{1-m}$$

$$= 0.9013 + 5.8949 \times 10^{-4} \times 0 = 0.9013(\text{h/m}^2)$$

$$Q_{P2} = \frac{R_1^+ - R_3^-}{S_1^+ + S_3^-} = \frac{236.02 - 222.65}{0.9648 + 0.9013} = 7.1(\text{m}^3/\text{h})$$

$$H_{P2} = R_1^+ - S_1^+ Q_{P2} = 236.02 - 0.9648 \times 7.1 = 229.3(\text{m})$$

（注：H_{P2}中也包含节点 1 和 2 之间在稳态时的压头损失 13.33m，H_{P2}减去 13.33 后再减去其稳态值 33.33m，则为 182.5m，这是惯性水击压头，小于前述的惯性水击压头 189.35m，说明水击波有衰减。）

继续进行以后时步的计算，可得如表 5-1 所示的结果：

表 5-1　阀门瞬时关闭的水击计算结果

时间/s	流量 $Q/(\text{m}^3/\text{h})$ 压头 H/m	节点			
		0	1	2	3
0.0	Q H	210.1 60.0	210.1 46.7	210.1 33.3	210.1 20.0
1.0	Q H	210.1 60.0	210.1 46.7	210.1 33.3	0.0 222.7
2.0	Q H	210.1 60.0	210.1 46.7	7.1 229.2	0.0 222.7
3.0	Q H	210.1 60.0	14.3 235.6	7.1 224.2	0.0 235.6
4.0	Q H	-179.3 60.0	14.3 235.6	7.1 242.0	0.0 235.6
5.0	Q H	-179.3 60.0	-181.2 71.7	7.1 242.0	0.0 248.4
6.0	Q H	-182.8 60.0	-181.2 71.7	-183.0 83.5	0.0 248.4
7.0	Q H	-182.8 60.0	-184.4 71.8	-183.0 83.5	0.0 -81.5

5.3.3 基本的计算流程和算例编程

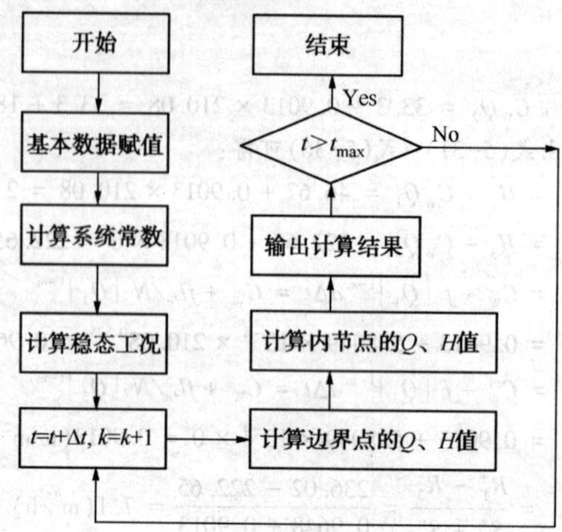

图 5-6 水击计算基本程序框图

【例 5-2】一条上游恒液位、下游自由流出的简单管道，$d=0.2$m，$L=18000$m，局部阻力占管道长度的1%，$H_0=140$m，$Q_0=0.0417\text{m}^3/\text{s}$，$f=2.7\ (\text{s/m}^3)^{1.875}$，$m=0.125$，$a=1000$m/s。试进行终端阀门瞬时关闭的水击计算。

【解】按图 5-6 的程序框图编写的 MatLab 程序如下：

```
% 以下是基本数据赋值
d=0.2; L=18000; Le=1.01*L; H0=140;
Q0=0.0417; f=2.7; m=0.125; a=1000;
g=9.81;%g为重力加速度
t_max=100;%最大的计算时间值
N=18;%将管道分为N段，节点数为1至N+1，中点节点号是(N+1)/2
%以下是计算系统常数
omega=1/4*pi*d^2;
Cw=a/(g*omega);
%以下计算稳态工况值
k=1;%表示第一行即横坐标轴上的参数
t=0; time(k)=t;%时间的初值
delta_x=L/N; delta_t=delta_x/a;
x=0: delta_x: L;%划分管段
for j=1: N+1;
  Q(k, j)=Q0;%初始流量值
  H(k, j)=H0-(f*1.01 * x(j)) * Q(j)^(2-m);%初始压头值
end
while t<=t_max  %表示一直计算至t>t_max止
  %以下计算内节点的值
for j=1: N+1;
    RA(k, j)  =H(k, j)+Cw * Q(k, j);                %RA为R+
```

```
    SA(k, j)  =Cw+f * (abs (Q(k, j)))^(1-m) * a * delta_ t;    %SA 为 S+
    RB(k, j)= H(k, j)-Cw * Q(k, j);                            %RB 为 R-
    SB(k, j)  =Cw+f * (abs (Q(k, j)))^(1-m) * a * delta_ t;    %SB 为 S-
end
for j=2: N;   %(2 到 N 为内节点)
    Q(k+1, j)=(RA(k, j-1)-RB(k, j+1))/(SA(k, j-1)+SB(k, j+1));
    H(k+1, j)= RA(k, j-1)-SA(k, j-1) * Q(k+1, j);
end
%以下计算上游边界点的值
  H(k+1, 1)= H0;
  Q(k+1, 1)=(H0-RA(k, 2))/(SB(k, 2));
%以下计算下游节点的值
  Q(k+1, N+1)=0;
  H(k+1, N+1)= RA(k, N);
  t=t+delta_ t; k=k+1; time(k)=t;
end
H_ end=H (:, N+1); Q_ end=Q(:, N+1);%取出管道阀门断面处的值
plot (time, H_ end)  %画出管道阀门断面处的压力时程曲线
```

程序的运行结果由读者在计算机上执行得到。

5.4 矩形网格计算法在复杂管道上的应用

5.4.1 矩形网格计算法应用于复杂管道上的特殊问题

在水力瞬变计算中，凡是管道中间有阻断相容方程有效性的部位的管道即是复杂管道，该部位则为管道的内部边界。例如，串联管道的连接点，管道中间水力部件的设置点，泄漏点，不同油品的交界面等都是内部边界。内部边界把管道隔为管段。管段中从毗邻其两端点的节点所引出的特征线终结于边界。

有分支的管道也是复杂管道，分支线的连接点则是内部边界。鉴于此种管道的计算较为复杂和特殊，将在以后的章节中专门研究。

在复杂管道的计算中，节点的参数采用双下标(二维数组)，例如 $Q_{1,5}$、$H_{1,5}$、$Q_{4,9}$、$H_{4,9}$ 等。第一个下标表示管段的号码，以 1 开始，第二个下标表示管段中节点的号码，以 0 开始计。它们都不再指地点 x 和时间 t。

这里不研究各种内部边界的数学模型，只研究其出现给组织水力瞬变计算所带来的特殊问题及其处理方法。

设毗邻管段的长度、分段数和波速分别为 L_1、N_1 和 a_1，L_2、N_2 和 a_2。按矩形网格计算的要求，必须：

$$\Delta x_1 = \frac{L_1}{N_1} = a_1 \Delta t_1$$

和

$$\Delta x_2 = \frac{L_2}{N_2} = a_2 \Delta t_2$$

而且 N_1 和 N_2 必须是整数；而若整条管道采用统一的时步计算，还必须满足

$$\Delta t_1 = \Delta t_2$$

但要同时满足这三个必须条件，尤其是在管段较多时，往往会遇到困难，而不得不求助于特殊的处理方法。

5.4.2 各管段的统一时步法

对于复杂管道，迄今一般仍采用各管段统一时步法进行计算，上述问题有以下几种处理方法。

（1）修改波速或管长法

精心划分各管段的差分段，使其基本达到前述的三个必须条件，然后稍微修改波速或管长，以完全满足这些条件，于是整个管道都用正规方法进行计算。

这种方法在编程和解算上是十分简便的，但引入了人为的偏差；而且，为了基本上达到三个必须条件，管道可能会差分得过细，这就未能够达到减少运算时间的目的。

（2）间距内插法

间距内插法的基本要求是各管道必须满足 $\Delta x \geqslant a\Delta t$ 的关系，保证计算确实是内插。外推到该扰动没有影响到的区域内(图 5-3)是错误的。

图 5-7 所示的矩形网格 $\Delta x > a\Delta t$，不符合正规关系，交于 P 点的正负特征线应从前时步的 A′点和 B′点引出，这三个点的关系才与式(5-33) ~式(5-36)相符。问题在于前时步计算出的是节点 A 和 B 的参数，而 A′和 B′的具体位置及其参数并不知道，这就要用线性性内插法从 A、B、C 三点的已知参数来计算 A′和 B′点的参数。

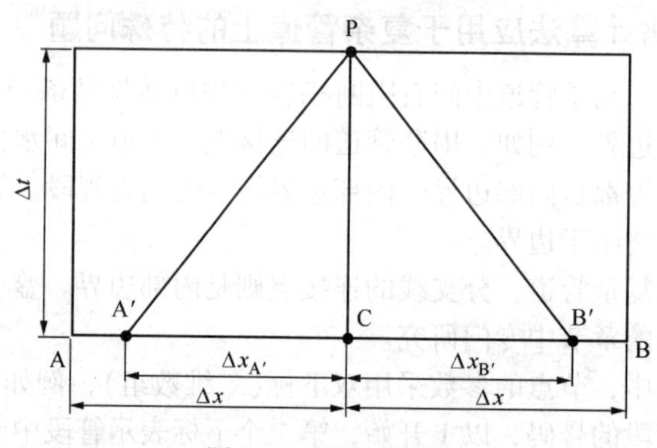

图 5-7 间距内插法

如图 5-7 所示，由流量的线性关系，有：

$$\frac{\Delta x'}{\Delta x} = \frac{Q_{A'} - Q_C}{Q_A - Q_C} = \frac{Q_C - Q_{B'}}{Q_C - Q_B}$$

又，$\Delta x' = a\Delta t$，代入上式，整理后可得：

$$Q_{A'} = Q_C + \frac{a\Delta t}{\Delta x}(Q_A - Q_C) \tag{5-41}$$

和

$$Q_{B'} = Q_C + \frac{a\Delta t}{\Delta x}(Q_B - Q_C) \tag{5-42}$$

又由压头的线性关系，有：

$$\frac{\Delta x'}{\Delta x}=\frac{H_{A'}-H_C}{H_A-H_C}=\frac{H_C-H_{B'}}{H_C-H_B}$$

可得：

$$H_{A'}=H_C+\frac{a\Delta t}{\Delta x}(H_A-H_C) \tag{5-43}$$

和

$$H_{B'}=H_C+\frac{a\Delta t}{\Delta x}(H_B-H_C) \tag{5-44}$$

式中，$a\Delta t/\Delta x$ 是插值系数，只能小于等于 1。若等于 1，则 $Q_{A'}=Q_A$、$Q_{B'}=Q_B$、$H_{A'}=H_A$、$H_{B'}=H_B$，相当于不内插；若小于 1，是有内插。

R_A、R_B、S_A、S_B 用下列公式计算：

$$R_A=H_{A'}+C_WQ_{A'} \tag{5-45}$$

$$R_B=H_{B'}-C_WQ_{B'} \tag{5-46}$$

$$S_A=C_W+f\left|Q_{A'}\right|^{1-m}a\Delta t \tag{5-47}$$

$$S_B=C_W+f\left|Q_{B'}\right|^{1-m}a\Delta t \tag{5-48}$$

注意，式中的 $a\Delta t$ 不可用 Δx 来置换，二者是不相等的。

Q_P 和 H_P 按常规方法计算。

间距内插法的主要缺点是可引入人为的数值衰减，这可用图 5-8 来说明。假定此管道没有摩阻，则所发生的惯性水击将无衰减地在管道内传播。若在 B 点发生一个瞬时惯性水击，则它应当在过了 $4\Delta t$ 时按原大小传播到 D 点。但是，由于插值系数 $a\Delta t/\Delta x=0.5$，其一半在过了 Δt 时先传播到 P 点，而这一半的一半又在过了 Δt 时先传播到 C 点，接着向水击起源方向(B 点)反射，若反射的是减压波，则使水击作用衰减，但这只是计算数值的衰减，而不是实际的衰减，因而计算可能会误报安全信息。

为了减轻数值衰减，插值系数应接近于 1，并需增加矩形网格的密度，但这将大大地增加计算量。

(3) 时间内插法

① 向后时间内插法

与间距内插法一样，向后时间内插法的基本要求是必须满足 $\Delta x\geqslant a\Delta t$ 的关系。

如图 5-9 所示，P 点与 A′点和 B′点保持着 $\Delta x=a\Delta t$ 的关系，A′和 B′的参数则可在 A 点

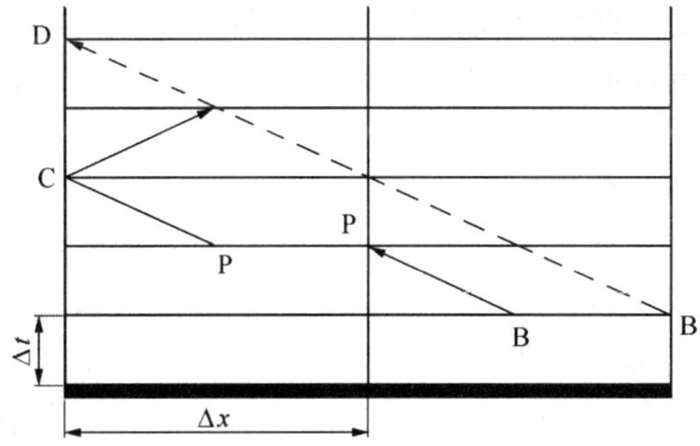

图 5-8　间距内插法可导致数值衰减

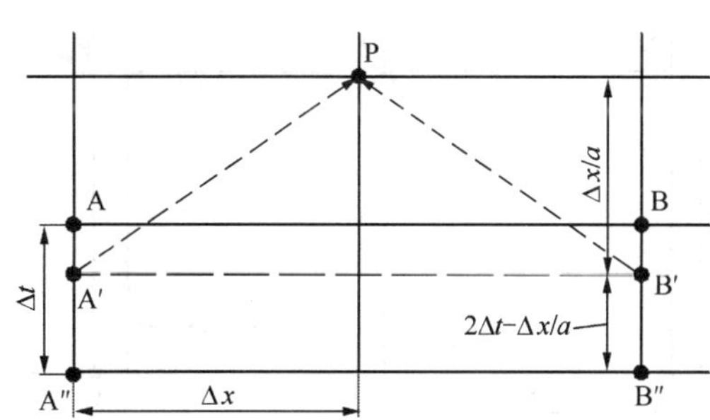

图 5-9　向后时间内插法

与 A″点、B 点与 B″点之间内插求得。就 A′的流量而言，有下述关系：

$$\frac{Q_{A}-Q_{A''}}{\Delta t}=\frac{Q_{A'}-Q_{A''}}{2\Delta t-\Delta x/a}$$

整理后可得：

$$Q_{A'}=Q_{A}-(Q_{A}-Q_{A''})\left(\frac{\Delta x}{a\Delta t}-1\right)$$

因此，可以得出以下方程组：

$$Q_{A'}=Q_{A}-(Q_{A}-Q_{A''})\left(\frac{\Delta x}{a\Delta t}-1\right) \tag{5-49}$$

$$H_{A'}=H_{A}-(H_{A}-H_{A''})\left(\frac{\Delta x}{a\Delta t}-1\right) \tag{5-50}$$

$$Q_{B'}=Q_{B}-(Q_{B}-Q_{B''})\left(\frac{\Delta x}{a\Delta t}-1\right) \tag{5-51}$$

$$H_{B'}=H_{B}-(H_{B}-H_{B''})\left(\frac{\Delta x}{a\Delta t}-1\right) \tag{5-52}$$

$$R_{A}=H_{A'}+C_{W}Q_{A'} \tag{5-53}$$

$$R_{B}=H_{B'}-C_{W}Q_{B'} \tag{5-54}$$

$$S_{A}=C_{W}+f\Delta x\left|Q_{A'}\right|^{1-m} \tag{5-55}$$

$$S_{B}=C_{W}+f\Delta x\left|Q_{B'}\right|^{1-m} \tag{5-56}$$

式中　$\Delta x/(a\Delta t)-1$——插值系数，$\Delta x=a\Delta t$ 时为 0，表示不内插。

注意，式中的 Δx 是矩形网格的实际长度，不可用 $a\Delta t$ 置换，因为二者不相等。

Q_P 和 H_P 按常规方法计算。

向后时间内插法比较符合水击波传播的规律，精度较高，不过需要增设储存前前步的数组。

② 向前时间内插法

在 $\Delta t \geqslant \Delta x/a(\Delta x \leqslant a\Delta t)$ 的情况下，可以采用向前的时间内插法。

如图 5-10 所示，A、C、B 点的参数已经算出，$P_{左}$、P、$P_{右}$点的参数待求，P 点与 A′点和 B′点保持 $\Delta x=a\Delta t$ 的关系，A′点和 B′点的参数值可在 A 点与 $P_{左}$点、B 点与 $P_{右}$点之间内插求得。但是，由于 $P_{左}$和 $P_{右}$两点的参数也是待求的，在插值公式中总有两个未知量，故不可能直接解出 A′点和 B′点的参数，而必须把这一时步中所有节点的方程全部写出，组成一个方程组，然后解此方程组。如果边界条件是线性方程，则此方程组是线性的；如果边界条件有非线性方程，则此方程组是非线性的。

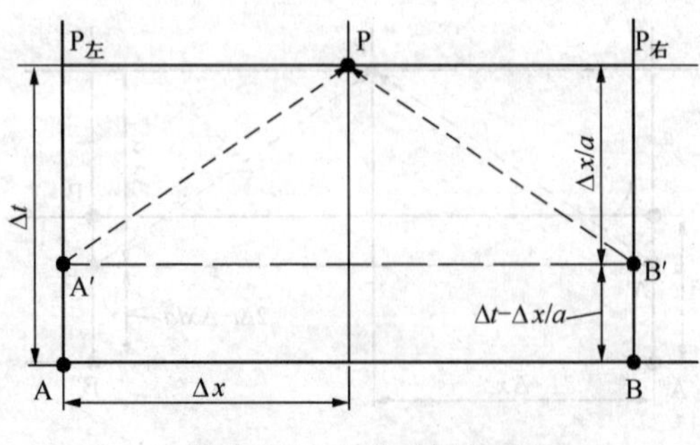

图 5-10　向前时间内插法

向前时间内插法的解算比较麻烦，但它的优点是可采用大时步。

（4）两步法

在这种方法中，Δx 与 $a\Delta t$ 之间不需要保持严格的关系，既可以 $\Delta x>a\Delta t$，也可以 $\Delta x<a\Delta t$，二者的偏差取决于对精度的要求。这一特点是比较适合于顺序输送水力瞬变的计算，但运算很费时间，在工况变化剧烈时误差较大，且呈现不稳定现象，不宜作为一种通用方法。

设想在运动方程中用一个有校正系数 α 的$\left(\frac{\alpha^2}{g\omega}\right)\frac{\partial Q}{\partial t}$来取代$\left(\frac{1}{g\omega}\right)\frac{\partial Q}{\partial t}$，它与连续性方程中$\left(\frac{a^2}{g\omega}\right)\frac{\partial Q}{\partial x}$可以结合成全微分。于是，在运动方程中加减一个$\left(\frac{\alpha^2}{g\omega}\right)\frac{\partial Q}{\partial t}$，然后乘待定系数 η，整理后可得：

$$\frac{\eta\alpha^2}{g\omega}\frac{\partial Q}{\partial t}+\eta\frac{\partial H}{\partial x}+\eta fQ\ |Q|^{1-m}+\frac{\eta}{g\omega}(1-\alpha^2)\frac{\partial Q}{\partial t}=0 \tag{a}$$

将上式与连续性方程进行线性组合，得：

$$\frac{\eta\alpha^2}{g\omega}\left(\frac{\partial Q}{\partial t}+\frac{a^2}{\eta\alpha^2}\frac{\partial Q}{\partial x}\right)+\left(\frac{\partial H}{\partial t}+\eta\frac{\partial H}{\partial x}\right)+\eta fQ\ |Q|^{1-m}+\frac{\eta}{g\omega}(1-\alpha^2)\frac{\partial Q}{\partial t}=0 \tag{b}$$

令：

$$\frac{\mathrm{d}x}{\mathrm{d}t}=\frac{a^2}{\eta\alpha^2}=\eta \tag{c}$$

则式(b)可以写为：

$$\frac{\eta\alpha^2}{g\omega}\frac{\mathrm{d}Q}{\mathrm{d}t}+\frac{\mathrm{d}H}{\mathrm{d}t}+\eta fQ\ |Q|^{1-m}+\frac{\eta}{g\omega}(1-\alpha^2)\frac{\partial Q}{\partial t}=0 \tag{d}$$

由式(c)可得：

$$\eta=\pm\frac{a}{\alpha}$$

将式(e)代入式(c)和式(d)，可以得到新的特征方程：

C^+

$$\frac{\mathrm{d}x}{\mathrm{d}t}=+\frac{a}{\alpha} \tag{5-57}$$

$$\frac{\alpha a}{g\omega}\mathrm{d}Q+\mathrm{d}H+fQ\ |Q|^{1-m}\mathrm{d}x+\left(\frac{a}{g\omega}\right)\left(\frac{1-\alpha^2}{\alpha}\right)\frac{\partial Q}{\partial t}\mathrm{d}t=0 \tag{5-58}$$

C^-

$$\frac{\mathrm{d}x}{\mathrm{d}t}=-\frac{a}{\alpha} \tag{5-59}$$

$$\frac{\alpha a}{g\omega}\mathrm{d}Q-\mathrm{d}H+fQ\ |Q|^{1-m}\mathrm{d}x+\left(\frac{a}{g\omega}\right)\left(\frac{1-\alpha^2}{\alpha}\right)\frac{\partial Q}{\partial t}\mathrm{d}t=0 \tag{5-60}$$

写成有限差分形式：

C^+

$$\frac{\Delta x}{\Delta t}=+\frac{a}{\alpha} \tag{5-61}$$

$$\frac{\alpha a}{g\omega}(Q_P-Q_A)+(H_P-H_A)+fQ\ |Q|^{1-m}\Delta x+\left(\frac{a}{g\omega}\right)\left(\frac{1-\alpha^2}{\alpha}\right)\int_t^{t+\Delta t}\frac{\partial Q}{\partial t}\mathrm{d}t=0 \tag{5-62}$$

C^-

$$\frac{\Delta x}{\Delta t}=-\frac{a}{\alpha} \tag{5-63}$$

$$\frac{\alpha a}{g\omega}(Q_P-Q_B)-(H_P-H_B)+fQ\ |Q|^{1-m}\Delta x+\left(\frac{a}{g\omega}\right)\left(\frac{1-\alpha^2}{\alpha}\right)\int_t^{t+\Delta t}\frac{\partial Q}{\partial t}\mathrm{d}t=0 \tag{5-64}$$

从式(5-61)和式(5-63)可知，校正系数为：

$$\alpha = \frac{a\Delta t}{\Delta x}$$

校正系数的物理意义是，即使差分网格未能保持 $\Delta x = a\Delta t$ 的正规关系，它也可以使相容方程成立。因此，尽管复杂管道各管段的 Δx 和 a 可能不相同，只要各自引入相应的校正系数，也能够在统一的时步下应用自己的相容方程。

统一时步采用各管段时步的平均值：

$$\Delta t = \sum_{i=1}^{K} (\Delta x_i / a_i) / K \tag{5-65}$$

各管段的校正系数则为：

$$\alpha_i = (a_i \Delta t) / \Delta x_i \tag{5-66}$$

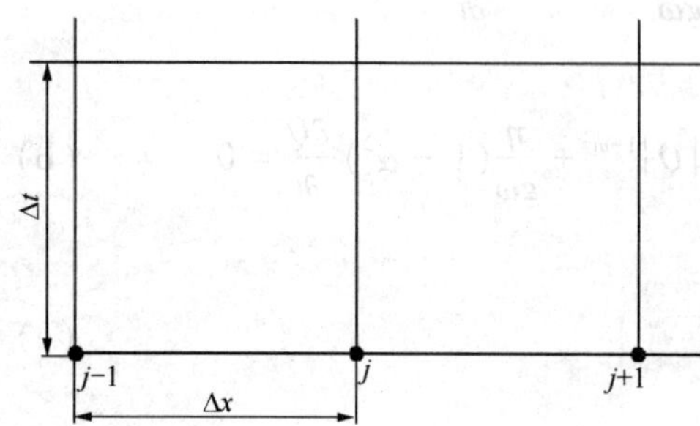

图 5-11　流量液化率的数值积分法

式(5-62)和式(5-64)中的积分项可以用均差计算。如图 5-11 所示，将管段 i 的差分段$(j-1)\sim j$ 在此时步前后流量发生的变化看成是从$(Q_{j+1}+Q_j)/2$ 变化到$(Q_{\mathrm{P}j-1}+Q_{\mathrm{P}j})/2$(注：此处为了简化书写，参数的第一个下标 i 省略了)，二者对 Δt 的变化率为：

$$\frac{\partial Q}{\partial t} = \frac{(Q_{\mathrm{P}j-1}^{*} + Q_{\mathrm{P}j}^{*}) - (Q_{j-1} + Q_j)}{2\Delta t} \tag{5-67}$$

由此可得：

$$E_{j-1}^{*} = \left(\frac{1-\alpha^2}{\alpha}\right) \cdot \left(\frac{a}{g\omega}\right) \int_t^{t+\Delta t} \frac{\partial Q}{\partial t} \mathrm{d}t \approx \left(\frac{1-\alpha^2}{\alpha}\right) \cdot \left(\frac{a}{g\omega}\right) (Q_{\mathrm{P}j-1}^{*} + Q_{\mathrm{P}j}^{*} - Q_{j-1} - Q_j) \tag{5-68}$$

但是，两个相容方程中有四个待求参数($Q_{\mathrm{P}j-1}$，$Q_{\mathrm{P}j}$，$Q_{\mathrm{P}j+1}$，$H_{\mathrm{P}j}$)，不能得到解析解，只有求助于迭代算法。

首先，忽略积分项，解出：

$$Q_{\mathrm{P}j} = \frac{R_{j-1}^{+} - R_{j+1}^{-}}{S_{j-1}^{+} + S_{j+1}^{-}} \tag{5-69}$$

$$H_{\mathrm{P}j} = R_{j-1}^{+} - S_{j-1}^{+} Q_{\mathrm{P}j} = R_{j+1}^{-} + S_{j+1}^{-} Q_{\mathrm{P}j} \tag{5-70}$$

式中

$$R_{j-1}^{+} = H_{j-1} + C_{\mathrm{W}} Q_{j-1} \tag{5-71}$$

$$R_{j+1}^{-} = H_{j+1} - C_{\mathrm{W}} Q_{j+1} \tag{5-72}$$

$$S_{j-1}^{+} = C_{\mathrm{W}} + f\,|Q_{j-1}|^{1-m} \Delta x \tag{5-73}$$

$$S_{j+1}^{-} = C_{\mathrm{W}} + f\,|Q_{j+1}|^{1-m} \Delta x \tag{5-74}$$

$$C_{\mathrm{W}} = \alpha a / (g\omega) \tag{5-75}$$

若 $\alpha=1$(即 $\Delta x = a\Delta t$)，则 $E=0$，求出的 Q_{P} 和 H_{P} 就是正规解，不再进行迭代计算。

若 $\alpha \neq 1$，则这次算出的 $Q_{\mathrm{P}j}$ 为暂时解，记作 $Q_{\mathrm{P}j}^{*}$，必须进行迭代计算。待所有节点的 $Q_{\mathrm{P}j}^{*}$ 都计算出来之后，用它们计算 E 值，重新计算 Q_{P} 和 H_{P}。在重新计算时：

$$R_{j-1}^{+} = H_{j-1} + C_{\mathrm{W}} Q_{j-1} - f(Q_{\mathrm{P}j}^{*} + Q_{j-1})/2\,|(Q_{\mathrm{P}j}^{*} + Q_{j-1})/2|^{1-m} \Delta x - E_{j-1}^{+} \tag{5-76}$$

$$R_{j+1}^{-} = H_{j+1} - C_{\mathrm{W}} Q_{j+1} - f(Q_{\mathrm{P}j}^{*} + Q_{j+1})/2\,|(Q_{\mathrm{P}j}^{*} + Q_{j+1})/2|^{1-m} \Delta x + E_{j+1}^{-} \tag{5-77}$$

$$S_{j-1}^{+}=S_{j+1}^{-}=C_{W} \tag{5-78}$$

为了节省计算时间，迭代一次就可以了，这就是两步法得此名的原因。

内节点的计算流程如图 5-12 所示，点 A 表示整个管道的全部节点在第一次计算完毕后的返回点。

统一时步法的优点是程序结构清晰易懂，内边界计算简明易行，计算结果直接输出。但其缺点是：由于人为偏差被引入每个差分段的计算中，必定会影响数值计算精度；在运算速度方面，由于各管段的 L_i/N_i 应大体一致以减少偏差，往往会造成差分过细；时步"一刀切"使远离水击扰动点，摩阻较小，本来可以采用较大时步的管段也随之而采用小时步；众多内节点的插值计算或两步计算使计算量进一步增大。所以，在复杂管道的计算中采用统一时步法弊多利少。

5.4.3　各管段非统一时步法

各管段非统一时步法的优点与统一时步法恰恰相反，它可以显著提高数值精度，大大减少运算时间，但在程序结构、边界计算、结果输出上要复杂一些，见图 5-12。

（1）边界点内插外推并用法

1977 年，美国的特里克哈（A. K. Trikha）首次运用各管段非统一时步法进行枝状管网的水力瞬变计算。其方法简介如下（图 5-13）。

① 各管段按 $\Delta x_i=a_i\Delta T_i$ 的正规关系划分自己的时步，叫做"管段时步"（ΔT_i），以其中最小者作为整个管道系统的时步，叫做系统时步（ΔT）。

② 整个管道系统的分析计算按系统时步向前进行。

③ 各管段的内节点按其管段时步进行计算。

④ 各管段的边界分为"系统时点"（图中标 * 的点）和"管段时点"（图中的小黑点）。前者是按系统时步划分的点，后者是按管段时步划分的点。相应地，其参数为"系统时值"和"管段时值"，前者为解算后者服务，用时间内插法求得，后者依前者之值用时间外推法计算。

下面对边界的解算再作介绍。设在时刻 T_i 的前时刻（$T_i-\Delta T_i$）的参数已经保留，时刻 T_i 的参数都已解出，则可从左边界的毗邻点（节点 i，1）求得时刻 $T_i-\Delta T_i$ 和时刻 T_i 的两组 R_B^- 和 S_B^-；从右边界的毗邻点（节点 i，N_i-1）求得时刻 $T_i-\Delta T_i$ 和时刻 T 的两组 R_A^+ 和 S_A^+。当系统时间（$T\sim T+\Delta T$）处在 T_i 和 $T_i+\Delta T_i$ 之间时，计算"系统时值"所需的 R_B^-、S_B^-、R_A^+ 和 S_A^+ 都可在相应的组已知值之间用时间内插法求得（如图中虚线所示）。当系统时间（$T+2\Delta T$）超过 $T_i+\Delta T_i$ 时，应进行此管段所有节点在 $T_i+\Delta T_i$ 时刻的参数计算，但边界的"管段时值"由于其毗邻管段没有与之对应的 R、S 值而不能求解，只得从先前的"系统时值"外推出来。保证解算稳定的准则，一是内插系数与外推系数相同；二是若管段时步与系统时步之比等于或大于整数 K 而小于 $K+1$，则内插/外推系数不大于 $K-1$。

特里克哈方法未能得到普遍应用。其不足之处有：由于交替地运用内插和外推，为保证解算的稳定性和减少误差，要求恰当划分管段时步和系统时步，但仍可能出现一些不稳定，系统时间总是超前于管段时间，难以输出整个管道各节点在同一时刻的参数值。

（2）边界点全部内插法

它与特里克哈法的共同处是各管段时步可以不统一，计算时间按系统时步推进，内节点用正规方法计算，边界点用插值法计算。不同处是在计算顺序上边界点先于内节点，在时间

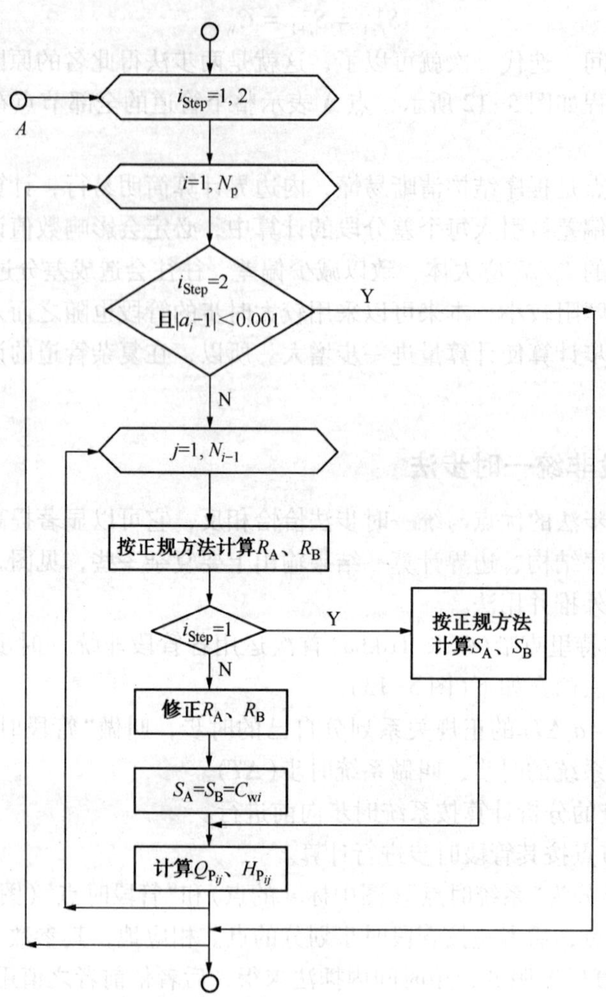

图 5-12　内节点两步法计算流程图

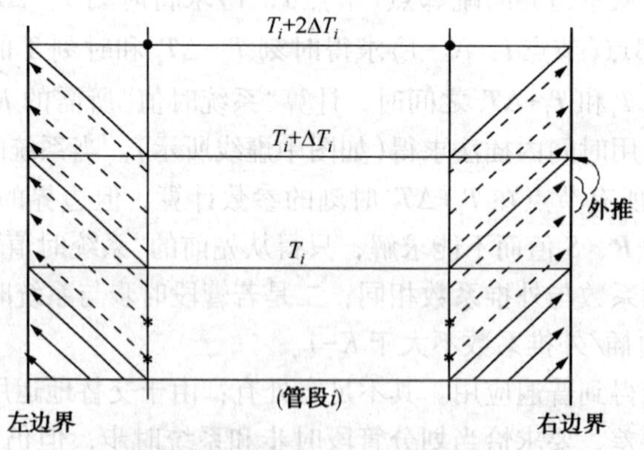

图 5-13　边界点内插外推并用法

进展上内节点先于边界点，在插值方法上完全采用抛物线时间内插法。这三点互相关联，必须同时遵守。由于此法采用抛物线插值和避免外推，故模拟精度高，且可以灵活地划分各管段的时步，内节点的计算时间总是先于边界点，可以按统一的时间输出计算结果。因此，这种方法可以作为复杂管道，尤其是管段众多，其长短悬殊的复杂管网水力瞬变计算的有效方法而普遍使用，只是需多设数组变量。

① 抛物线插值法

前面所述的从已知两点的参数求其间任一点参数的线性插值法，在变化比较平缓时是可以令人满意的，但若变化急剧，特别是在呈现扭曲的情况下，插值精度会明显降低。在这种情况下，采用抛物线乃至多项式插值法较为有利。

抛物线插值法是从已知三点的参数导出抛物线方程，然后求线上任一点的参数。如图 5-14所示，已知 X-Y 平面坐标上间隔相等(Δx)点 i-1、i、i+1 的参数分别为(x_{i-1}，y_{i-1})、(x_i，y_i)、(x_{i+1}，y_{i+1})，则可得到通过三点的抛物线。将原心移至抛物线中央的点 i，构成新的 X'-Y'坐标系统，在此系统中

$$y_{i+1} - y_i = a\Delta x^2 + b\Delta x \tag{a}$$

$$y_{i-1} - y_i = a\Delta x^2 - b\Delta x \tag{b}$$

联解式(a)和式(b)可得

$$a = \frac{y_{i+1} - 2y_i + y_{i-1}}{2\Delta x^2} \tag{c}$$

$$b = \frac{y_{i+1} - y_{i-1}}{2\Delta x} \tag{d}$$

对于抛物线上的任一点(x，y)则有：

$$y - y_i = a\,(x - x_i)^2 + b(x - x_i) \tag{e}$$

令 $\delta x = x - x_i$，上式可写成：

$$y - y_i = a\delta x^2 + b\delta x \tag{f}$$

将式(c)和式(d)代入式(f)，整理后可得：

$$y = y_i + \frac{1}{2}\alpha[\alpha(y_{i+1} - 2y_i + y_{i-1}) + y_{i+1} - y_{i-1}] \tag{5-79}$$

式中 α——插值系数：

$$\alpha = \frac{\delta x}{\Delta x} \tag{5-80}$$

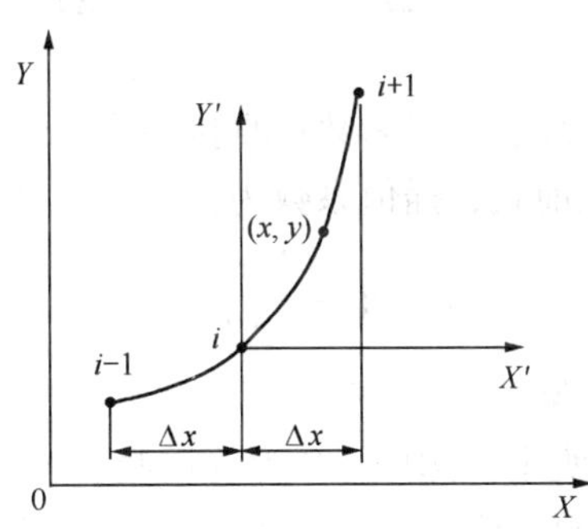

图 5-14 抛物线插值法

② 边界点的播值计算

图 5-15 表示管段 i 的 N_{i-1}和 N_i两个节点，点 N_i在各个时刻的参数都用插值方法求得。当计算每个系统时间(T)的参数时，在 N_{i-1}点上插值，然后按水击波传播的规律求得，当计

算每个管段时间(T_i)的参数时，则在本点上插值推算。

假定在内节点 N_{i-1} 处点 1、2、3 的参数已经算出，则可用抛物线插值法求得其间任一点的参数，对手毗邻上游端的内节点 1，情况也是一样的。插值系数为

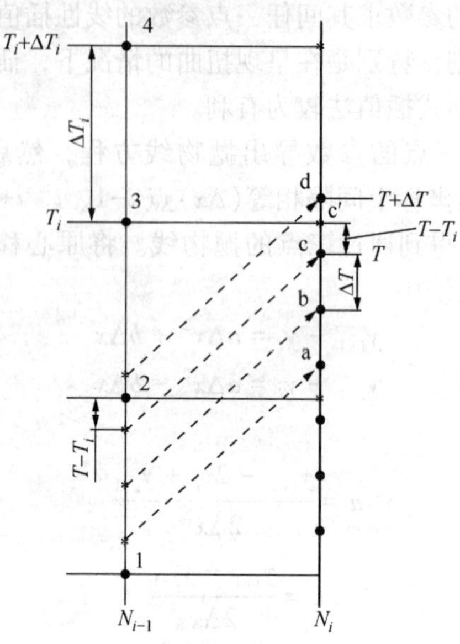

图 5-15　边界点的插值计算

$$\alpha = \frac{T - T_i}{\Delta T_i} \tag{5-81}$$

此后，即可按式(5-53)~式(5-56)求得 R_A、S_A、R_B、S_B，进而与边界条件联解，求得点 a、b、c、d 的参数。

当 $T \geqslant T_i$ 时，管段时间应进展到 $T_i+\Delta T_i$，而计算内节点 N_{i-1} 的参数需有边界点 N_i 在 T_i 时(点 c')的参数值，这可从点 b、c、d 的参数插值求得，插值系数为(注意这时系统时间 T 已加上 ΔT，c 点的时间实为 $T-\Delta T$)

$$\alpha = \frac{T_i - (T - \Delta T)}{\Delta T} = 1 - \frac{T - T_i}{\Delta T} \tag{5-82}$$

③ 输出参数的插值计算

输出是按系统时间进行的，故边界点参数可直接输出而毋需插值，而内节点则需要在本点的前后三个参数间插值。参照前式，插值系数为：

$$\alpha = 1 - \frac{T - T_i}{\Delta T_i} \tag{5-83}$$

④计算的基本流程和程序示例

计算的基本流程如图 5-16 所示。图中 NP 为管段数，N_i 为各管段的节点数(分段数)，数组 x 用于暂时寄存边界点的 Q、H 值，其下标最大值为 3；QPT_i 和 HPT_i 为输出的插值参数。

图 5-17 为计算边界点的 R_A、R_B、S_A、S_B 的流程。图中 N 为边界的编号，必须从 1 起，NP+1 止。

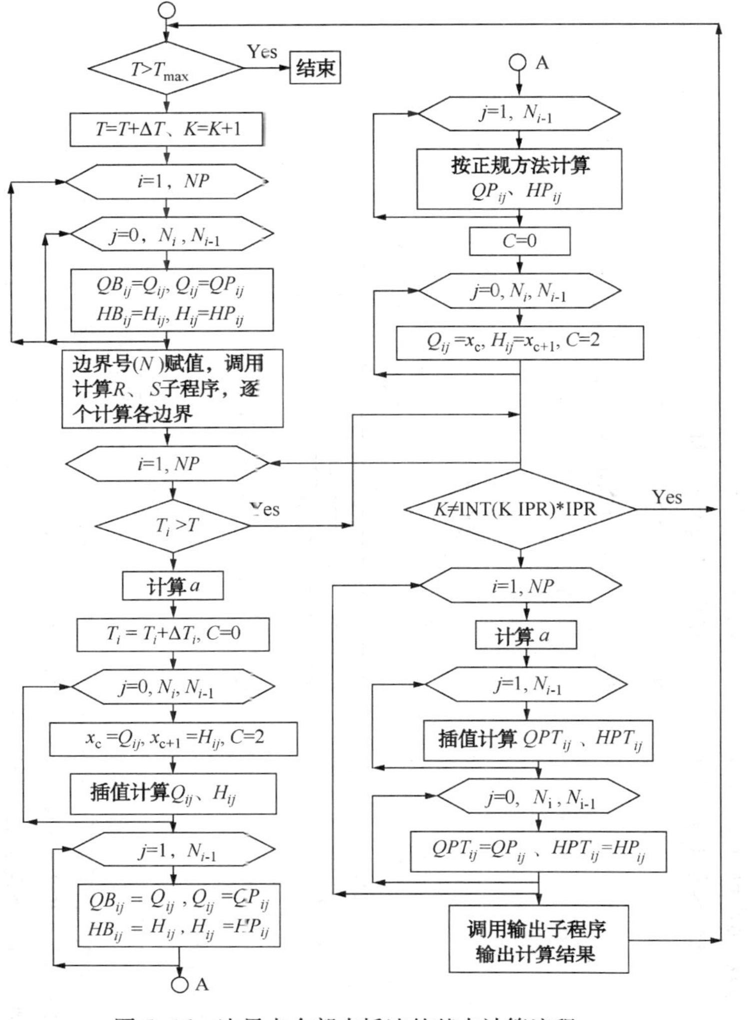

图 5-16 边界点全部内插法的基本计算流程

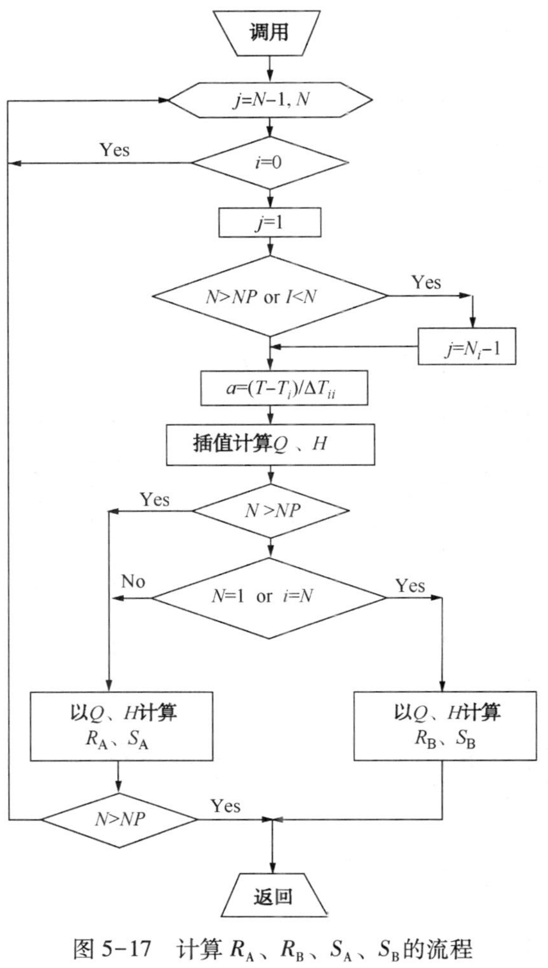

图 5-17 计算 R_A、R_B、S_A、S_B的流程

【例 5-3】管道系统如图 5-18 所示，上游压头 $H_{up}=260\text{m}$，管道数据如下：

管段	管径/m	管长/m	摩阻系数/($S^{1.875}/m^{5.625}$)	流态指数	波速/(m/s)
1	0.150	3300	11.24	0.125	1000
2	0.100	500	81.35	0.125	1000

稳态流量为 $0.022\text{m}^3/\text{s}$ ($79.2\text{m}^3/\text{h}$)。试计算终端阀门瞬时关闭造成的水力瞬变。

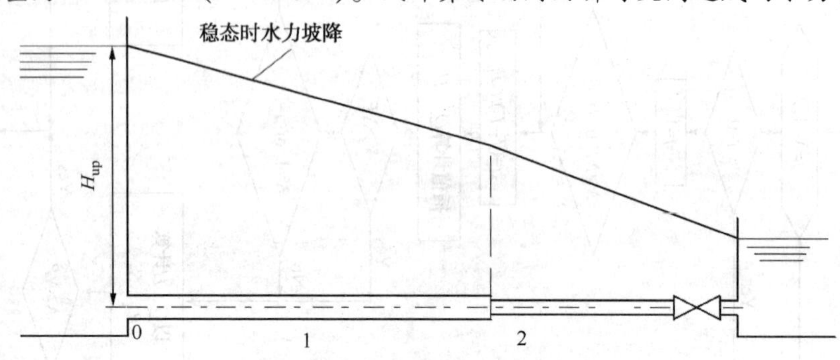

图 5-18 例 5-3 的管道系统示意图

【解】此管道的特点是管段 1 长而摩阻小，管段 2 短而摩阻大，且毗邻水击起源点，故很适合用非统一时步法进行计算；前者采用大时步，后者采用小时步。为此，把前者差分成 10 段，$\Delta T_1=0.33\text{s}$，后者差分成 5 段，$\Delta T_2=0.1\text{s}$，二者的对步比为 3.3∶1。

串联结点的水力状态如图 5-19 所示。可写出下面的方程组：

$$H_{P_{i,N}} = R^+_{i,N-1} - S^+_{i,N-1} Q_{P_{i,N}}$$

$$H_{P_{i+1,0}} = R^-_{i-1,1} + S^-_{i+1,1} Q_{P_{i+1,0}}$$

$$H_{P_{i,N}} = H_{P_{i+1,0}} \quad \text{（忽略局部阻力）}$$

$$Q_{P_{i,N}} = Q_{P_{i+1,0}}$$

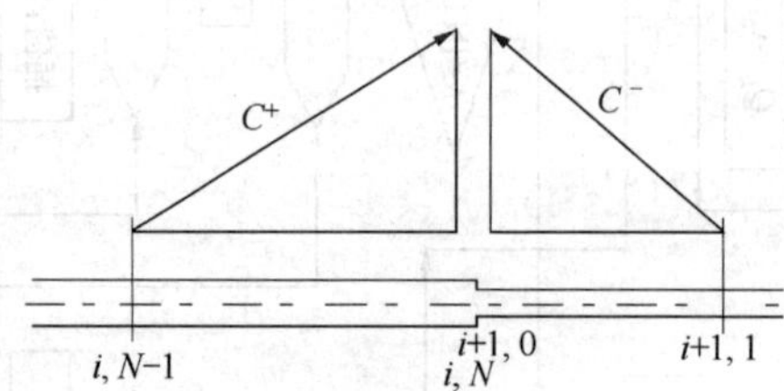

图 5-19 串联结点的水力状态

联解可得：

$$Q_{P_{i,N}} = Q_{P_{i+1,0}} = \frac{R^+_{i,N-1} - R^-_{i+1,1}}{S^+_{i,N-1} + S^-_{i+1,1}}$$

以上各式中，下标 N 代表 N_i。以后在双下标中都采用这种写法，以求简练。

串联结点处压头随时间变化的情况如图 5-20 所示的线 2(虚线)所示。

若管段 1 差分成 33 段，管段 2 仍差分成 5 段，则两者的时步相等，由于没有任何插值，其数值精度最高。图 5-20 中的线 1(实线)即是在这样差分时，串联结点处压头随时间变化的情况。比较这两条线可知，在两管段的时步比较悬殊，水力瞬变十分剧烈的情况下，这种方法仍有较高的精度，而运算时间仅为前者的 1/3。不过，为了保证必要的解算精度和防止不稳定，各管段的时步仍以比较接近为好，不宜相差太大，特别是在水力扰动十分剧烈的情况下。

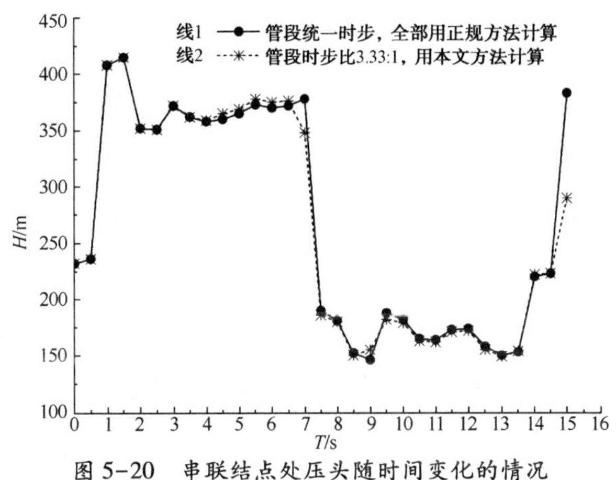

图 5-20 串联结点处压头随时间变化的情况

5.5 完整水击特征方程的有限差分解法

完整的水击特征方程为：

$$C^+ \quad \begin{cases} \dfrac{\mathrm{d}x}{\mathrm{d}t} = V + a \\ \dfrac{a}{g\omega}\mathrm{d}Q + \mathrm{d}H + afQ\,|Q|^{1-m}\mathrm{d}t = 0 \end{cases}$$

$$C^- \quad \begin{cases} \dfrac{\mathrm{d}x}{\mathrm{d}t} = V - a \\ \dfrac{a}{g\omega}\mathrm{d}Q - \mathrm{d}H + afQ\,|Q|^{1-m}\mathrm{d}t = 0 \end{cases}$$

与近似的水击特征方程相比较，完整的水击特征方程最大的不同是特征线的斜率与流速有关，而流速是时间和地点的函数，故特征线的斜率随时间和地点而变，并可能有些弯曲（取决于该段在该时步内流速是否变化），如图 5-21 中的实线所示。

鉴于除了极其特殊的情况之外，总是 $a \gg V$，为了减少计算上的复杂性，该差分段在该时间的流速可取为常数，即取前时步已经计算出的数值，以便把可能呈弯曲的特征线近似为直线，如图 5-21 中的虚线所示。其解算方法有下述两类。

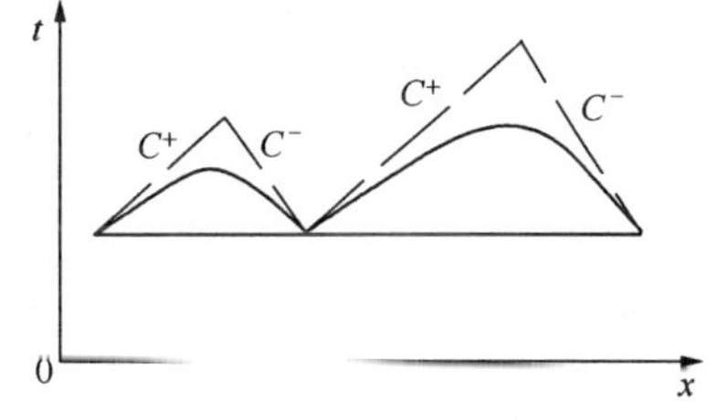

图 5-21 真实的特征线及其近似处理示意图

5.5.1 矩形网格法

由于特征线的斜率随地点和时间而变，矩形网格当然不可能保持 $\Delta x = a_{x,t}\Delta t$ 的正规关系，所以不论采用统一时步法或是非统一时步法，内节点和边界点都必须用间距插值法、时间插值法或两步法计算。下面描述间距插值法和向后时间内插法在此种情况下的应用。

（1）间距内插法

如图 5-7 所示：

$$\frac{\Delta x_A'}{\Delta x} = \frac{Q_{A'} - Q_C}{Q_A - Q_C} = \frac{H_{A'} - H_C}{H_A - H_C} \tag{a}$$

又

$$\Delta x_{A'} = (V_{A'} + a)\Delta t = \left(\frac{Q_{A'}}{\omega} + a\right)\Delta t \tag{b}$$

将式(b)代入式(a)，整理后可得：

$$Q_{A'} = \frac{Q_C + a\dfrac{\Delta t}{\Delta x}(Q_A - Q_C)}{1 - \dfrac{\Delta t}{\Delta x\omega}(Q_A - Q_C)} \tag{5-84}$$

$$H_{A'} = H_C + \frac{\Delta t}{\Delta x}\left(\frac{Q_{A'}}{\omega} + a\right)(H_A - H_C) \tag{5-85}$$

用类似的方法可得：

$$Q_{B'} = \frac{Q_C + a\dfrac{\Delta t}{\Delta x}(Q_B - Q_C)}{1 + \dfrac{\Delta t}{\Delta x\omega}(Q_B - Q_C)} \tag{5-86}$$

$$H_{B'} = H_C - \frac{\Delta t}{\Delta x}\left(\frac{Q_{B'}}{\omega} - a\right)(H_B - H_C) \tag{5-87}$$

如果忽略流量公式中分母的第二项，并忽略压头公式中的 $Q_{A'}/\omega$ 和 $Q_{B'}/\omega$，就成为上节所述的间距内插公式，即式(5-41)~式(5-44)。

现在可以写出完整的特征方程的有限差分方程：

$$C^+ \begin{cases} \Delta x_{A'} = (V_{A'} + a)\Delta t = \left(\dfrac{Q_{A'}}{\omega} + a\right)\Delta t & (5\text{-}88) \\ \dfrac{a}{g\omega}(Q_P - Q_{A'}) + (H_P - H_{A'}) + fQ_P\,|Q_{A'}|^{1-m}\Delta x_{A'} = 0 & (5\text{-}89) \end{cases}$$

$$C^- \begin{cases} \Delta x_{B'} = (V_{B'} - a)\Delta t = \left(\dfrac{Q_{B'}}{\omega} - a\right)\Delta t & (5\text{-}90) \\ \dfrac{a}{g\omega}(Q_P - Q_{B'}) - (H_P - H_{B'}) + fQ_P\,|Q_{B'}|^{1-m}\Delta x_{B'} = 0 & (5\text{-}91) \end{cases}$$

由此可得：

$$R_A = H_{A'} + C_W Q_{A'} \tag{5-92}$$

$$R_B = H_{B'} - C_W Q_{B'} \tag{5-93}$$

$$S_A = C_W + f\,|Q_{A'}|^{1-m}\left(\frac{Q_{A'}}{\omega} + a\right)\Delta t \tag{5-94}$$

$$S_B = C_W - f\,|Q_{B'}|^{1-m}\left(\frac{Q_{B'}}{\omega} - a\right)\Delta t \tag{5-95}$$

为了实现内插，必须保证 $\Delta x \geqslant |V+a|\Delta t$ 和 $\Delta x \geqslant |V-a|\Delta t$，除了特殊情况外，稳态流速总是大于瞬态流速的绝对值，因此可以把下面的条件作为保证内插的标准：

$$\Delta x \geqslant \frac{Q_0}{\omega} + a \tag{5-96}$$

(2) 向后时间内插法

将式(5-49)和式(5-51)中的波速 a 分别用 $(Q_{A'}/\omega+a)$ 和 $(Q_{B'}/\omega-a)$ 置换，整理后可得：

$$Q_{A'}^2-(2Q_A-Q_{A''}-a\omega)Q_{A'}-a\omega\left[2Q_A-Q_{A''}-\frac{\Delta x}{a\Delta t}(Q_A-Q_{A''})\right]=0 \tag{5-97}$$

$$Q_{B'}^2-(2Q_B-Q_{B''}+a\omega)Q_{B'}+a\omega\left[2Q_B-Q_{B''}-\frac{\Delta x}{a\Delta t}(Q_B-Q_{B''})\right]=0 \tag{5-98}$$

算出 $Q_{A'}$ 和 $Q_{B'}$ 后，将式(5-50)和式(5-52)中的波速分别用 $(Q_{A'}/\omega+a)$ 和 $(Q_{B'}/\omega-a)$ 置换，可得：

$$H_{A'}=H_A-(H_A-H_{A''})\left[\frac{\Delta x}{\left(\frac{Q_{A'}}{\omega}+a\right)\Delta t}-1\right] \tag{5-99}$$

$$H_{B'}=H_B-(H_B-H_{B''})\left[\frac{\Delta x}{\left(\frac{Q_{B'}}{\omega}-a\right)\Delta t}-1\right] \tag{5-100}$$

R_A、R_B、S_A、S_B 用以下公式计算：

$$R_A=H_{A'}+C_WQ_{A'} \tag{5-101}$$

$$R_B=H_{B'}-C_WQ_{B'} \tag{5-102}$$

$$S_A=C_W+f\,|Q_{A'}|^{1-m}\Delta x \tag{5-103}$$

$$S_B=C_W+f\,|Q_{B'}|^{1-m}\Delta x \tag{5-104}$$

注意，式中的 Δx 是矩形网格的实际长度，不可用 $a\Delta t$、$(Q_{A'}/\omega+a)\Delta t$ 和 $(Q_{B'}/\omega-a)\Delta t$ 置换等替代。

Q_P、H_P 按常规方法计算。

5.5.2　特征线网格法

在此之前都是按矩形网格的布局来从事特征方程的差分解算，其优点是条理分明，并可“跟踪”水力变化的脉络，还可直截了当地考察管道任一节点在任一时刻的压力和流量。应用矩形网格的前提条件首先是波速 a 不变，其次是 $a\gg V_0$。只有同时满足这两个条件，即矩形的对角线的斜率基本上不变，才能建立长宽比例恰当的矩形框，既可服从 $\Delta x\geqslant(V_0+a)\Delta t$ 的约束，又可做到 $\Delta x/[(V_0+a)\Delta t]$ 接近于 1。幸而，通常遇到的水击问题基本上都能满足上述两个条件，都可以采用矩形网格法。但是在某些特殊情况下，上述两个前提条件不能同时具备。甚至完全不具备。例如，若液体中含有少量气体，则波速将随压力而显著地变化，又如，若管材的弹性很好，波速就大为降低，如果液流速度不低；则波速对流速未必具有压倒的优势，采用矩形网格，最多只能满足 $\Delta x\geqslant(V_0+a)\Delta t$ 的约束，但必定有许多的 $\Delta x/[(V_0+a)\Delta t]$ 值偏离 1 甚远，造成显著的插值误差。约束条件也不一定都能够满足，因为在建立网格时不知道水击压力的变化范围，无从断定波速的最大值。

在这种情况下，只好放弃矩形网格法，而用差分公式直接求解。

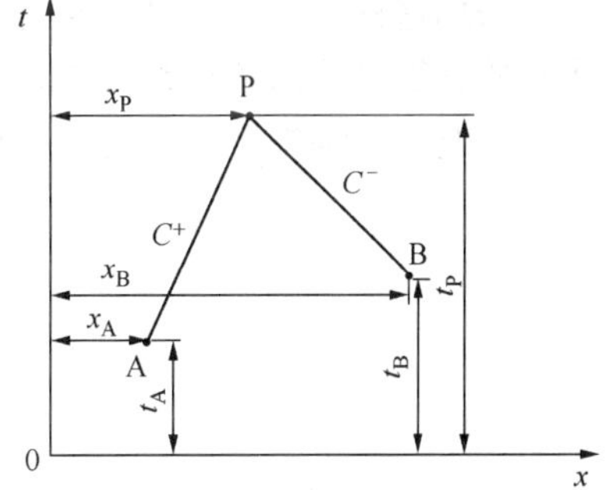

图 5-22　特征线网格的计算意图

按图 5-22 所示的关系，完整水击特征方程的差分公式为：

$$
C^+\begin{cases} x_P - x_A = (V_A + a_A)(t_P - t_A) = \left(\dfrac{Q_A}{\omega} + a_A\right)(t_P - t_A) & (5-105) \\ \dfrac{a_A}{g\omega}(Q_P - Q_A) + (H_P - H_A) + fQ_P\,|Q_A|^{1-m}(x_P - x_A) = 0 & (5-106) \end{cases}
$$

$$
C^-\begin{cases} x_P - x_B = (V_B - a_B)(t_P - t_B) = \left(\dfrac{Q_B}{\omega} - a_B\right)(t_P - t_B) & (5-107) \\ \dfrac{a_B}{g\omega}(Q_P - Q_B) - (H_P - H_B) + fQ_P\,|Q_B|^{1-m}(x_P - x_B) = 0 & (5-108) \end{cases}
$$

中间节点的位置和时间（x_P 和 t_P）由联解式（5-105）和式（5-107）求得：

$$t_P = \frac{x_B - x_A - (Q_B/\omega - a_B)t_B + (Q_A/\omega + a_A)t_A}{(Q_A/\omega + a_A) - (Q_B/\omega - a_B)} \tag{5-109}$$

$$x_P = x_A + (Q_A/\omega + a_A)(t_P - t_A) \tag{5-110}$$

对于左边界点：

$$x_P = 0 \tag{5-111}$$

将此值代入式（5-107）可得：

$$t_P = t_B - x_B/(Q_B/\omega - a_B) \tag{5-112}$$

对于右边界点：

$$x_P = L(\text{管长}) \tag{5-113}$$

将此值代入式（5-105）可得：

$$t_P = t_A + (L - x_A)/(Q_A/\omega + a_A) \tag{5-114}$$

从式（5-106）和式（5-108）可得：

$$R_A = H_A + C_{WA}Q_A \tag{5-115}$$

$$R_B = H_B - C_{WB}Q_B \tag{5-116}$$

$$S_A = C_{WA} + f\,|Q_A|^{1-m}(x_P - x_A) \tag{5-117}$$

$$S_B = C_{WB} - f\,|Q_B|^{1-m}(x_P - x_B) \tag{5-118}$$

$$C_{WA} = a_A/(g\omega) \tag{5-119}$$

$$C_{WB} = a_B/(g\omega) \tag{5-120}$$

Q_P、H_P 按常规方法计算。

采用这种方法计算时，界内点的坐标位置由特征线决定。特征线构成不规则的网格，虽然开始计算时界内各点都处在同一时间线上，并且间隔也相等，但以后不能预知它们的去向，因此难于确知管道中间某点在某时刻的水力状态。

第6章 边界条件

在水击分析中，管道上凡是使特征线的有效性、相容方程的适用范围截止的地点，都称为边界，管道两端的边界称为外部边界，当中的称为内部边界。管道中对全局影响甚微的局部性变化，如转弯、不长的变径等，可以不按内部边界处埋，而把其阻力均摊在管道中。

在求解水击问题中，边界条件具有十分重要的地位。这是因为：第一，最初的扰动总是从边界开始，然后再沿线传播；第二，水击波到达边界时会发生反射，反射情况与边界条件有关；第三，边界条件的数学表达方式有多种多样，繁简不一，有的可能只说明 Q、H 之一是常数，如前面所说的液位恒定的容器、瞬间关闭的阀门，有的可能说明变量之一是时间的函数，如液位有周期性变化的容器，有的则可能将两个变量以代数关系或以微分方程的关系表示，如逐渐关闭的阀门、固定转速的离心泵，有的还可能涉及附加变量，如转速发生变化的离心泵、需要有补充方程与特征方程联解等等。因此可以说，处理好边界条件是水击分析中的关键问题。

为了便于分析，把自身特性发生变化、主动地造成水力扰动的边界称为扰动边界；把自身特性不发生变化，只对水击波起反射作用的边界称为反射边界。

在第 5 章的第 3 节和第 4 节里已经给出了三个简单的边界条件，它们是：

（1）下游端阀门瞬时关闭［式(5-37)和式(5-38)］

$$Q_{P_{i,N}} = 0 \tag{6-1}$$

$$H_{P_{i,N}} = R^{+}_{i,N-1} \tag{6-2}$$

（2）上游端恒液位(H_0)容器［式(5-39)和式(5-40)］

$$Q_{P_{1,0}} = \frac{H_0 - R^{-}_{1,1}}{S^{-}_{1,1}} \tag{6-3}$$

$$H_{P_{1,0}} = 0 \tag{6-4}$$

（3）串联结点(例题 5-3)

$$Q_{P_{i,N}} = Q_{P_{i+1,0}} = \frac{R^{+}_{i,N-1} - R^{-}_{i+1,1}}{S^{+}_{i,N-1} + S^{-}_{i+1,1}} \tag{6-5}$$

$$H_{P_{i,N}} = H_{P_{i+1,0}} = R^{+}_{i,N-1} - S^{+}_{i,N-1} Q_{P_{i,N}} = R^{-}_{i-1,1} - S^{-}_{i+1,1} Q_{P_{i+1,0}} \tag{6-6}$$

前已说明，为了简练，在双下标中 N_i 简写为 N。

本章集中研究一些较复杂的边界，更复杂的则在以后章节中研究。

6.1 定速运行的离心泵的边界条件

离心泵的流量 Q 与压头 H 的关系表示泵的基本性能。管道工业中常用离心泵的 Q-H 性能曲线的形状，大体上有圆滑下降式、抛物线式和扭曲式三种，如图 6-1 所示。在我们所研究的问题中，性能曲线的上升段没有必要描述，因为在系统的设计阶段，为了防止出现不稳定运行，要求避开这一段；在水击过程中，系统的工况可能进入这一段，但是如果把这段描述出来，与管道联解时可能有两个解值，在计算上不好处理。为了避免计算时陷入困境，把上升段截去，处理成图 6-1 中虚线的形状。

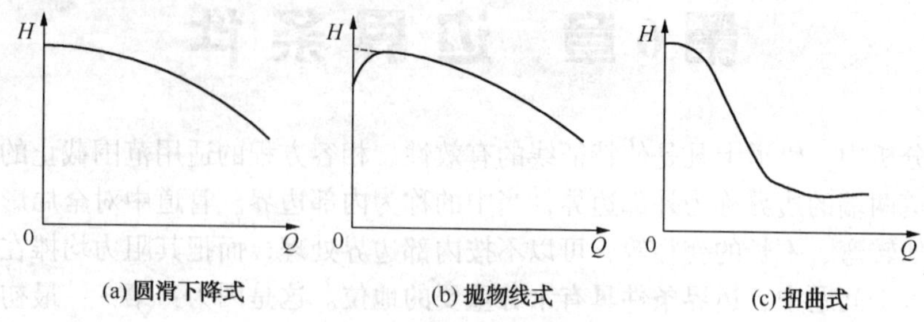

图 6-1 离心泵的 Q-H 性能曲线

泵的性能可用解析式或数组来表达。解析式法已为广大工程技术人员所熟知，它具有表达简洁和便于分析的优点，但需要进行数据拟合，数据的规律性较差时拟合的误差较大，在有些情况下不易与别的方程联解。数组表达法的优缺点则与之相反。

6.1.1 泵性能解析表达法的求解

(1) Q-H 性能曲线的解析表达法

离心泵的 Q-H 性能曲线最通用的表达式为：

$$H=A-BQ^2+CQ \tag{6-7}$$

这个方程既能描述圆滑下降的曲线，也能描述有上升段的抛物线。既然不描述上升段，为了简单起见，将最后一项省略，这对描述的精度不会有太大的影响，

$$H=A-BQ^2 \tag{6-8}$$

泵的制造厂一般只提供额定转速 N_R 下的性能曲线。如果实际的转速 N 不同于额定转速，则在转速下降不超过 20×10^{-2} 时可以用相似定理进行换算。按相似定理，

$$\frac{Q_R}{N_R}=\frac{Q}{N},\quad \frac{H_R}{N_R^2}=\frac{H}{N^2} \tag{6-9}$$

将式(6-8)中的 Q、H 改写成 Q_R、H_R、A_R，除以 N_R^2，然后再将式(6-9)的关系代入，整理后可得：

$$H=A_R\left(\frac{N}{N_R}\right)^2-BQ^2 \tag{6-10}$$

即只要将额定转速 N_R 时的性能方程中的常数 A_R 改为 $A_R/(N/N_R)^2$，改变曲线的高度，就成为转速为 N 时的性能方程。以后假定泵性能方程中的 A 都已经过换算。

在管道稳定工况的计算中，为了便于解工作点，常常将泵方程中流量的指数与管道方程中的取为一致，

$$H=A'-B'Q^{2-m} \tag{6-11}$$

式中的 A' 和 B' 则随 m 而异。但是在管道非稳定工况的计算中，由于相容方程已被处理成线性，这样表达反而不便，故这里不采用。

对于 K 台串联泵，

$$A=\sum A_K,\quad B=\sum B_K \tag{6-12}$$

对于 K 台并联泵，若它们的性能相同，则

$$A = A_{(\text{单泵})},\ B = \frac{B_{(\text{单泵})}}{K^2} \tag{6-13}$$

若单泵的 A 值相同而 B 值不同，可绘出并联曲线后拟合，若 A 值也不相同，则不可能处理为单一方程，只能将各并联泵方程与管道方程构成非线性方程组来解算。

(2) 泵对水击的反射　如图 6-2 所示，对泵的节点可以写出以下三个方程：

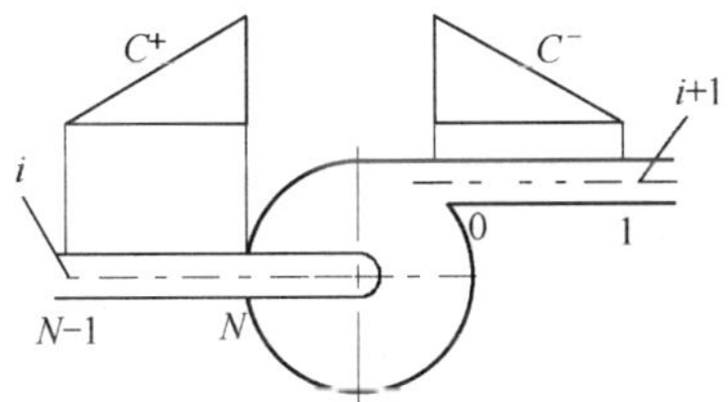

图 6-2　定速运行离心泵的边界

$$H_{P_{i,N}} = R^+_{i,N-1} - S^+_{i,N-1}Q_P \tag{6-14}$$

$$H_{P_{i+1,0}} = R^-_{i+1,1} + S^-_{i+1,1}Q_P \tag{6-15}$$

$$H_{P_{i+1,0}} - H_{P_{i,N}} = A - BQ_P^2 \tag{6-16}$$

联解这三个方程，可得：

$$BQ_P^2 + (S^+_{i,N-1} + S^-_{i+1,1})Q_P - (A + R^+_{i,N-1} - R^-_{i+1,1}) = 0 \tag{6-17}$$

由此解出

$$Q_P = \frac{1}{B}\left[-\left(\frac{S^+_{i,N-1} + S^-_{i+1,1}}{2}\right) + \sqrt{\left(\frac{S^+_{i,N-1} + S^-_{i+1,1}}{2}\right)^2 + B(A + R^+_{i,N-1} - R^-_{i+1,1})}\right] \tag{6-18}$$

式(6-18)中的根式取加号，这是因为水击时 Q_P既可能为正，也可能为负，而($S^+_{i,N-1} + S^-_{i+1,1}$)总为正，既然这项已经加上负号，其根式只有取加号才能使 Q_P有正负两种可能性。

但是必须指出，Q_P为负意味着泵已经进入第二象限运行(叶轮正向转动，液流反向流动)，其性能曲线并不是从正常运行曲线向负流量方向的简单延伸，故解出的负值是不正确的。如果泵的排出口设置有止回阀，当 Q_P为负时则认为止回阀关闭，即

$$\text{若 } Q_P<0,\ \text{则 } Q_P=0 \tag{6-19}$$

如果泵的进口压头基本不变，为 H_S(必须从基准面算起)，例如泵从恒液位容器进入液体，则意味着在式(6-18)中 $R^+_{i,N-1} = H_S$，$S^+_{i,N-1} = 0$，i+1 为 1，于是式(6-18)成为下面的特定形式：

$$Q_P = \frac{1}{B}\left[-\frac{S^-_{i+1,1}}{2} + \sqrt{\left(\frac{S^-_{i+1,1}}{2}\right)^2 + B(A + H_S - R^-_{i+1,1})}\right] \tag{6-20}$$

计算出 Q_P之后，代入式(6-14)和式(6-15)，即可求得 $H_{P_{i,N}}$ 和 $H_{P_{i+1,0}}$。

6.1.2　泵性能数组表达法的求解

(1) Q-H 性能曲线的数组表达法

不管离心泵 Q-H 性能曲线的形状怎样，总是可以把它近似为若干串联的直线段，如图 6-3 所示。每个直线段的方程和适用范围由其两端点的坐标决定。

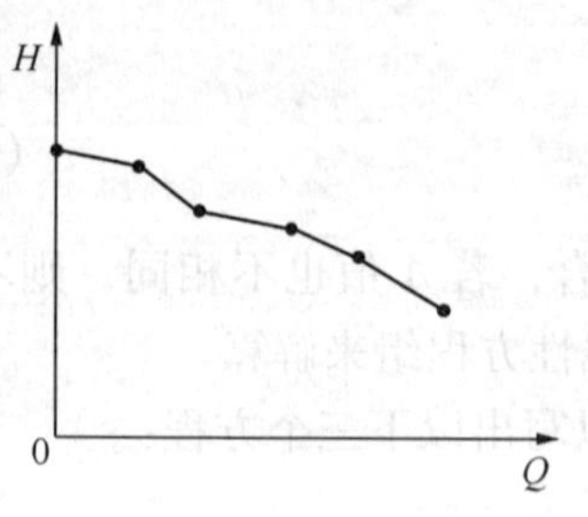

图 6-3 将 Q-H 曲线近似为若干直线段

以成对的数组(Q_0, H_0)、(Q_1, H_1)…来表达泵的性能。对于串联泵，其压头取同一流量下的总压头。对于并联泵，其流量取同一压头下的总流量；若各泵的 A 值不相同，则有些数值仅是部分泵的并联值。

各个直线段的斜率由下式确定：

$$S_j = \frac{H_j - H_{j+1}}{Q_j - Q_{j+1}} \tag{6-21}$$

式中，$j = 0$、1、2…。因为 $Q_j < Q_{j+1}$，而且总是取 $H_j > H_{j+1}$（不描述上升段），故 S_j 恒为负值。

由此可以计算该段上任一点的坐标 Q 和 H。从

$$S_j = \frac{H_j - H}{Q_j - Q}$$

整理后可得：

$$H = H_j - S_j Q_j + S_j Q \tag{6-22}$$

这就是 j~j+1 段的性能方程。

从前面的讨论中得知，泵的转速由 N_R 改为 N 时，其性能曲线只是高度有改变，而斜率则是近似不变的，故可写出

$$H = H_j \left(\frac{N}{N_R}\right)^2 - S_j Q_j + S_j Q \tag{6-23}$$

更为简练的形式则为

$$H = A_j + B_j Q \tag{6-24}$$

式中：

$$A_j = H_j \left(\frac{N}{N_R}\right)^2 - S_j Q_j$$

$$B_j = S_j = (H_j - H_{j+1})/(Q_j - Q_{j+1})$$

这里为了书写简化起见，泵性能数组也采用了 Q 和 H 的符号，在程序中应当改用别的变量名，以区别于差分段节点所用的变量名。

(2) 泵对水击的反射

将式(6-16)等号的右边部分置换式(6-24)之 H，与式(6-14)和式(6-15)联解，可得：

$$Q_P = \frac{R^+_{i,\ N-1} - R^-_{i+1,\ 1} + A_j}{S^+_{i,\ N-1} + S^-_{i+1,\ 1} - B_j} \tag{6-25}$$

如果泵的进口压头恒为 H_S(必须从基准面算起)，则 $R^+_{i,\ N-1} = H_S$，$S^+_{i,\ N-1} = 0$，i+1 为 1，其特定解为

$$Q_P = \frac{H_S - R^-_{i+1,\ 1} + A_j}{S^-_{i+1,\ 1} - B_j} \tag{6-26}$$

Q_P 处于下面的范围内有效：

$$Q_j \leqslant Q_P \leqslant Q_{j+1} \tag{6-27}$$

否则，换一对数组计算，直到满足式(6-27)为止。

在泵的排出口有止回阀的情况下，若 $j=1$ 且 $Q_P \leqslant 0$，则

$$Q_P = 0 \tag{6-28}$$

瞬变计算之前应把 A_j 和 B_j 之值先计算出来。瞬变计算按图 6-4 的流程进行。Q_P 超出输入流量的最大值时，在显示屏上予以提示。

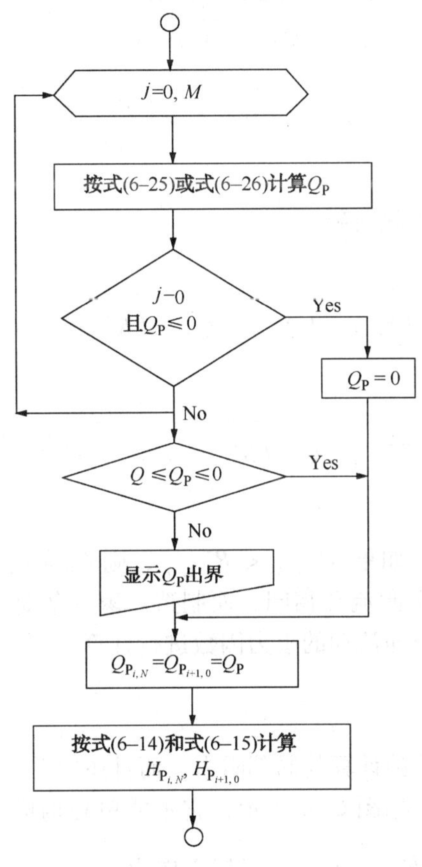

图 6-4　泵性能数组表达法计算流程

6.2　阻力、惯性及弹性部件的边界条件

6.2.1　阻力部件

在此以前，一直是把管道上阻力特性不变的局部阻力转换成当量长度，均摊在管线上。但是对于阻力较大的局部阻力，如过滤器、容积式流量计、减压管等，那样处理会造成水击分析明显的失真，因此，以作为一个单独的边界处理为好。

如图 6-5 所示，对局部阻力的节点可以写出下面三个方程

$$H_{P_{i,N}} = R^{+}_{i,N-1} - S^{+}_{i,N-1} Q_P \tag{6-29}$$

$$H_{P_{i+1,0}} = R^{-}_{i+1,1} + S^{-}_{i+1,1} Q_P \tag{6-30}$$

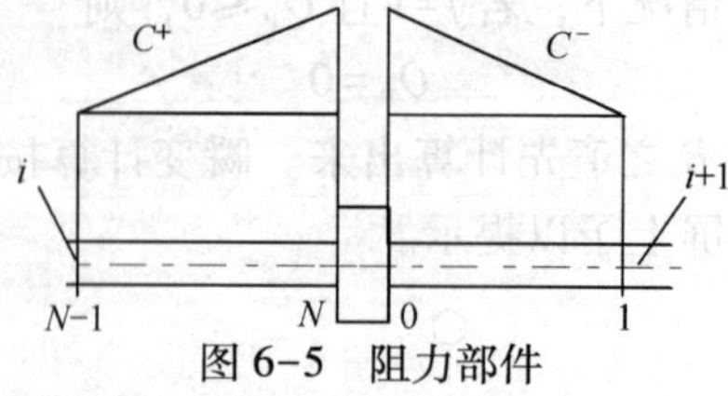

图 6-5 阻力部件

$$H_{P_{i,N}} - H_{P_{i+1,0}} = \xi \frac{Q_P^2}{2g\omega^2} \tag{6-31}$$

式中 ξ——局部阻力因数；

ω——局部阻力出口的截面积。

联解这三个方程可得：

$$\frac{\xi}{2g\omega^2}Q_P^2 + (S_{i,N-1}^+ + S_{i+1,1}^-)Q_P - (R_{i,N-1}^+ - R_{i+1,1}^-) = 0$$

由此解出

$$Q_P = \frac{g\omega^2}{\xi}\left[-(S_{i,N-1}^+ + S_{i+1,1}^-) + \sqrt{(S_{i,N-1}^+ + S_{i+1,1}^-)^2 + \frac{2\xi}{g\omega^2}(R_{i,N-1}^+ - R_{i+1,1}^-)}\right] \tag{6-32}$$

这里可能产生一个问题，如果 $R_{i,N-1}^+ < R_{i+1,1}^-$，则 Q_P为负，即液体反向流动，但反向流动的局部阻力因数未必与正向流动相同，而制造厂家一般是不提供反向流动的阻力因数的。在这种情况下，只好用正向流动的阻力因数进行计算。

6.2.2 惯性部件

有一些水力部件不仅要单独计算其局部阻力，而且还要单独计算其局部惯性力。例如在管道中有一段小直径的管子，如图 6-6 所示，它不能单独构成一个差分段，但在水击时产生的惯性力$\left(\frac{L}{g\omega}\frac{\mathrm{d}Q}{\mathrm{d}t}\right)$需要考虑，这时，可以把它作为一个边界。某段(例如泵站内)管线上有若干较短的小口径管时，也可以把它们汇集在一起来处理。

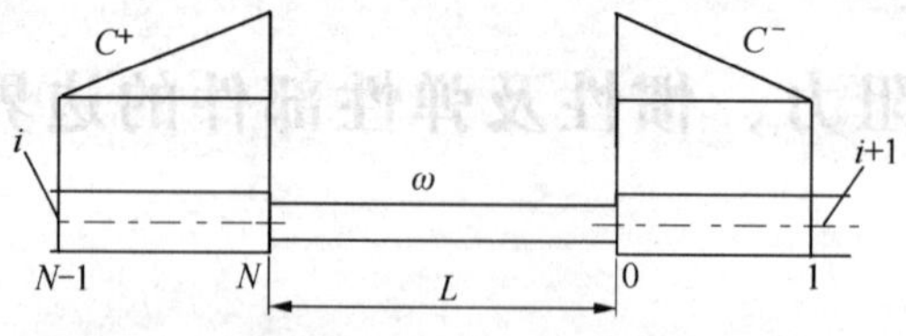

图 6-6 惯性部件

鉴于小口径管相对很短，可以用刚性水柱理论来描述其边界条件。在该时间的 Δt 内，其左端的平均压头为$(H_{P_{i,N}}+H_{i,N})/2$，右端的平均压头为$(H_{P_{i+1,0}}+H_{i+1,0})/2$，流量则由 Q_K变为 Q_P($Q_K=Q_{i,N}=Q_{i+1,0}$，$Q_P=Q_{P_{i,N}}=Q_{P_{i+1,0}}$)，其运动方程为

$$\frac{H_{P_{i,N}} + H_{i,N}}{2} - \frac{H_{P_{i+1,0}} + H_{i+1,0}}{2} - fQ_P|Q_K|^{1-m}L = \frac{L}{g\omega}\left(\frac{Q_P - Q_K}{\Delta t}\right)$$

整理为

$$H_{P_{i,N}} - H_{P_{i+1,0}} - 2\left(f|Q_K|^{1-m}L + \frac{L}{g\omega\Delta t}\right)Q_P + H_{i,N} - H_{i+1,0} + \frac{2L}{g\omega\Delta t}Q_K = 0 \quad (6-33)$$

此方程就是对这截小管段作为边界的描述，式中，$H_{P_{i,N}}$、$H_{P_{i+1,0}}$、Q_P是待求变量，与左右两边的相容方程联立解出，$H_{i,N}$，$H_{i+1,0}$，$Q_{i,N}$，$Q_{i+1,0}$是前一时步的参量。

6.2.3　弹性部件

当管道中有一定容量，很富弹性的部件时，例如在低压管道中有一段软管，则不能忽略它对水击波的缓冲作用。较实用的办法是把它看成是管道上旁接了一个弹性容器，再按边界条件对待。若干弹性部件也可汇集在一起来处理。

如图 6-7 所示，设容积为 V 的弹性容器及其内液体的弹性可以当量为弹性体积系数 K'，则

$$K' = \frac{\Delta P}{\Delta V/V} \quad (6-34)$$

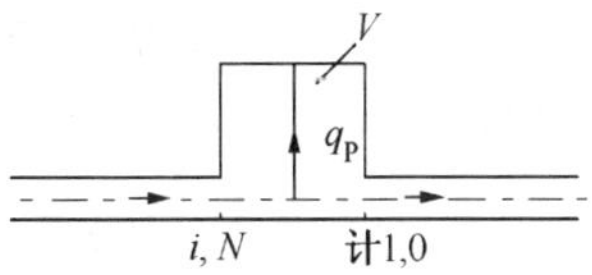

图 6-7　弹性部件

在 Δt 时间内进入容器的体积 ΔV 为

$$\Delta V = \frac{q_p + q_k}{2}\Delta t \quad (6-35)$$

式中，q_k 是前一时步流量。联解式(6-34)和式(6-35)，整理可得：

$$H_P = H + \frac{K'\Delta t}{2\rho g V}(q_p + q_k) \quad (6-36)$$

此式与其相邻两个相容方程和连续性方程联解，即可解出 H_P、$Q_{P_{i,N}}$、$Q_{P_{i+1,0}}$ 和 q_p 四个参数。

上述这一问题在第 8 章第 4 节将详细研究。

6.3　管道泄漏点的边界条件

泄漏点的特点是：具有公共的节点压头 H，进出于漏点的流量的代数和等于零。按图 6-8，可以写出下面两个特征方程

$$H_P = R^+_{i,N-1} - S^+_{i,N-1}Q_{P_{i,N}}$$

$$H_P = R^-_{i+1,1} + S^-_{i+1,1}Q_{P_{i+1,0}}$$

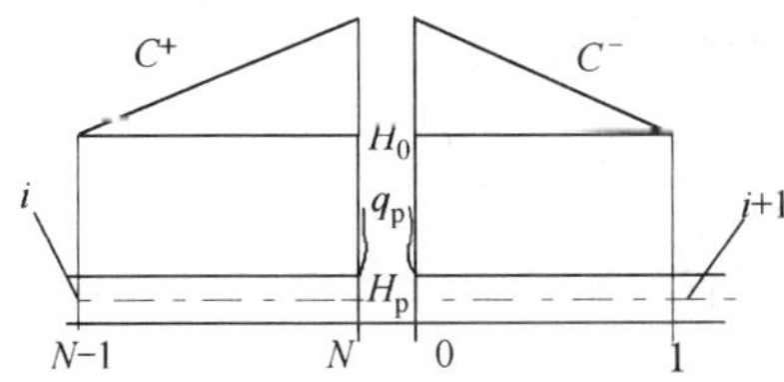

图 6-8　泄漏点的边界条件

可改写成为

$$+Q_{P_{i,N}} = \frac{R^+_{i,N-1} - H_P}{S^+_{i,N-1}} \quad (6-37)$$

$$-Q_{P_{i+1,0}} = \frac{R^-_{i+1,1} - H_P}{S^-_{i+1,1}} \quad (6-38)$$

假定泄漏具有孔口出流的性质，则有

$$-q_P = -C_0\sqrt{2g(H_P - H_0)} \quad (6-39)$$

式中　H_0——漏孔外部的压头。

漏孔的流量系数 C_0可按下式计算

$$C_0 = \alpha C_d \omega \approx 0.6 \sim 0.65\omega \tag{6-40}$$

式中 α——流束收缩因数，为 0.62~0.66；

C_d——孔口流速因数，为 0.98~0.99；

ω——漏孔截面积。

按连续性定理，漏点流量的代数和等于 0，则

$$\frac{R_{i,\ N-1}^{+}}{S_{i,\ N-1}^{+}} + \frac{R_{i+1,\ 1}^{-}}{S_{i+1,\ 1}^{-}} - \left(\frac{1}{S_{i,\ N-1}^{+}} + \frac{1}{S_{i+1,\ 1}^{-}}\right) H_P - C_0\sqrt{2g(H_P - H_0)} = 0$$

简写为

$$B - AH_P - C_0\sqrt{2g(H_P - H_0)} = 0$$

再处理为

$$A^2H_P^2 - 2(AB + gC_0^2)H_P + (B^2 + 2gC_0^2H_0) = 0$$

由此解出

$$H_P = \frac{1}{A^2}\left[(AB + gC_0^2) - \sqrt{(AB + gC_0^2)^2 - A^2(B^2 + 2gC_0^2H_0)}\right] \tag{6-41}$$

式中，$A = \frac{1}{S_{i,\ N-1}^{+}} + \frac{1}{S_{i+1,\ 1}^{-}}$，$B = \frac{R_{i,\ N-1}^{+}}{S_{i,\ N-1}^{+}} + \frac{R_{i+1,\ 1}^{-}}{S_{i+1,\ 1}^{-}}$。

计算出 H_P后，代入式(6-37)~式(6-39)，即可求得有关的流量。

图 6-9 表示一计算实例。计算条件为：简单管道，上游端和下游端均为恒定液位，上游压头为 140m，管径 150mm，管长 20km，稳态流量 0.0155m³/s，波速 1000m/s。假定在距上游端 12km 处发生泄漏，漏孔直径 30mm，漏孔外部压头为 0。如图 6-9 所示，泄漏时从偏孔向上下游发送减压波，波抵达终点后发生反射，全线在 100s 左右达到新的稳定泄漏工况。

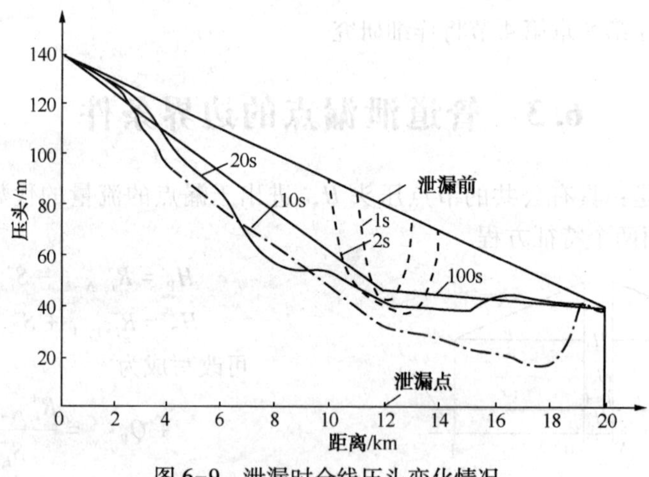

图 6-9　泄漏时全线压头变化情况

6.4　阀动作的边界条件

本章前 3 节所讨论的边界基本上都是反射边界，即它们本身的特性不随时间改变。现在研究扰动边界，即它们的特性是随时间改变的。本节集中研究由于阀动作而造成的水力扰动。

6.4.1 阀的特性

(1) 阻力特性

从水力学得知，阀的阻力特性为

$$\Delta H = \frac{\xi}{2g\omega^2}Q^2 = KQ^2 \tag{6-42}$$

式中 ξ——阻力因数，取决于阀的结构、口径和开度；

K——集合系数，等于 $K = \xi/2g\omega^2$；

ω——阀门通道的截面积。

对于一个具体的阀，ω 是确定了的，故可把集合系数 K 也叫做阀的阻力系数。阻力因(系)数与阀开度的关系叫做阀的阻力特性，它是阀本身的特性。

(2) 流量特性

阀的流量特性泛指通过阀的流量与阀开度的关系。按其测试或计算条件的不同，有固有的，静态的和动态的三种流量特性。

① 固有流量特性

阀的样本和说明书上一般提供固有流量特性，它是按规定的技术条件所测得的流量与开度的关系。

按国际单位制规定的技术条件是：阀前后的压差为 0.1MPa(约 lkgf/cm^2)，流体(水)的密度 1kg/dm^3，流量以 m^3/h 计。工程上把在此条件下测得的流量称为流量系数，记为 K_V。K_V与阀开度的关系叫做阀的固有流量特性。因为此特性只从属于所规定的测定条件，而与阀的设置情况无关，故冠以“固有”二字。

在工业上还采用美制阀流量系数，它是在 1bf/in^2(约 0.07kgf/cm^2，6.9×10^{3}Pa)的压差下，通过清洁的冷水，以 USgal/min(=3.7853L/min)表示的流量值，记作 C_V。

阀全开时的流量系数叫做额定(公称)流量系数，它表征阀的“最大”通过能力。但这是对规定的测试压力而言，绝不意味阀必定有或只能有这样的通过能力。

阀的固有流量特性常常以相对流量与相对开度的关系提供。相对流量是指在前述规定的条件下任一流量与最大流量的比值，也就是任一阀流量系数(K_V，C_V)与额定流量系数($K_{V_{max}}$、$C_{V_{max}}$)之比；相对开度是指任一开度与全开度之比。几种阀的固有特性如图 6-10 所示。

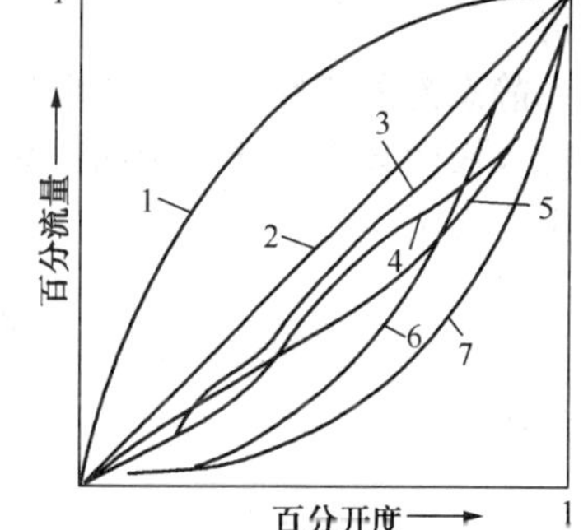

图 6-10 几种阀的相对流量特性

1—隔膜阀；2—直线特性阀；3—闸阀；4—柱塞阀；5—蝶阀；6—球阀；7—等百分特性阀

相对流量乘以最大通过能力，即得阀的流量系数。表 6-1 说明某 ϕ100 球阀的开度、相对流量、流量系数 K_V的关系。

表 6-1 某 ϕ100 球开相对流量，流量系数的关系

相对开度/(10^{-2})	100	90	80	70	60	50	40	30	20	10
转角/(°)	0	9	18	27	36	45	54	63	72	81
相对流量/(10^{-2})	100	76	50	35	22	15	11	8	4.5	2
K_V/(m^3/h)	1000	760	500	350	220	150	110	80	45	20

阀的阻力因(系)数可从其流量系数求得。已知，压力0.1MPa近似地等于$10mH_2O$。按流量系数的测取条件，在此压降下，阀可以通过流量$K_V(m^3/h)$或$K_V/3600(m^3/s)$。

按式(6-42)

$$10 = K\left(\frac{K_V}{3600}\right)^2$$

由此可得

$$K = \frac{12.96 \times 10^7}{K_V^2} \tag{6-43}$$

用类似的方法可得

$$K = \frac{17.63 \times 10^7}{C_V^2} \tag{6-44}$$

式中，K的单位为s^2/m^5。

联解式(6-43)和式(6-44)可得

$$K_V = 0.875C_V \tag{6-45}$$

$$C_V = 1.167K_V \tag{6-46}$$

当利用从式(6-43)和式(6-44)求得的K值时，式(6-42)中Q的单位必须是m^3/s，ΔH的单位为m。

由于固有流量特性是在稳态条件下测得的，故也可称为静态流量特性，但切勿与下面所述的静态流量特性相混淆。

② 静态流量特性

在一条具体的管道上用阀进行调节，待流动达到稳定后，流量与阀开度之间的关系称为阀的静态(稳态)流量特性。此特性一般用阀的固有流量特性，按稳态压头平衡方程计算求得。

静态流量特性是阀在一个具体系统上的调节特性，它依附于该系统，不能独立存在，故又称为阀的装置特性。例如，某一水平泵送管道上设置有一个阀门，若在稳态条件下的压头平衡方程为

$$A - BQ^2 - fLQ^2 - \frac{\xi}{2g\omega^2}Q^2 = 0$$

则

$$Q = \sqrt{\frac{A}{B + fL + \xi/(2g\omega^2)}}$$

从上式看出，影响流量的因素甚多，阀的开度只是其中之一。对于摩阻大的管道(即fL值大)，要在阀关闭到相当的程度(例如70×10^{-2})后才会看到流量发生变化。

③ 动态流量特性

在一条具体的管道上用阀进行调节，同步测定其流量，瞬时流量与阀开度的关系称为阀的动态流量特性。显然，动态流量特性与阀动作速度有密切的关系。

动态流量特性也可通过管道水力瞬变的计算而得到，计算中利用阀的固有流量特性，把阀的开度与时间相联系，即流量系数是随时间而变的。此特性受管道特性的影响，还可能受边界反射的影响。

6.4.2　阀造成的扰动

如图 6-11 所示，阀动作的边界条件可以从下面三个方程解出

$$H_{P_{i,\ N}} = R^{+}_{i,\ N-1} - S^{+}_{i,\ N-1} Q_P \tag{6-47}$$

$$H_{P_{i+1,\ 0}} = R^{-}_{i+1,\ 1} + S^{-}_{i+1,\ 1} Q_P \tag{6-48}$$

$$H_{P_{i,\ N}} - H_{P_{i+1,\ 0}} = K Q_P^2 \tag{6-49}$$

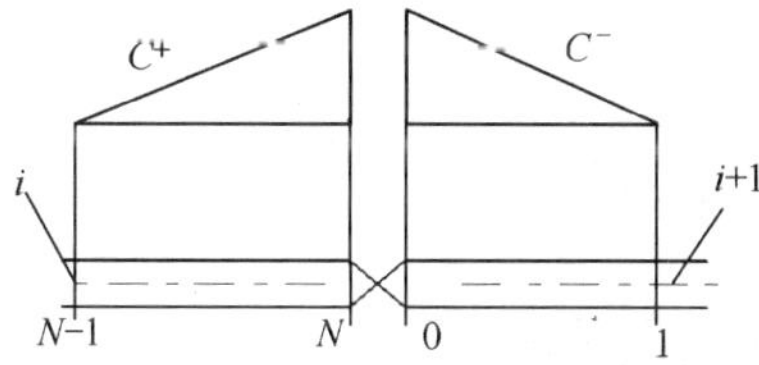

图 6-11　阀的边界条件

联解的结果是

$$Q_P = \frac{1}{K}\left[-\left(\frac{S^{+}_{i,\ N-1} + S^{-}_{i+1,\ 1}}{2}\right) + \sqrt{\frac{(S^{+}_{i,\ N-1} + S^{-}_{i+1,\ 1})^2}{4} + K(R^{+}_{i,\ N-1} - R^{-}_{i+1,\ 1})}\right] \tag{6-50}$$

假定，正向流动的 K 值在反向流动时仍然可用。

如果阀位于管道的终端，下游有一个恒定的压头 H_C(从基准面算起)，则式中 $H_{P_{i+1,\ 0}} = R^{-}_{i+1,\ 1} = H_C$，$S^{-}_{i+1,\ 1} = 0$，于是可以写出式(6-50)的特殊解为

$$Q_P = \frac{1}{K}\left[-\frac{S^{+}_{i,\ N-1}}{2} + \sqrt{\frac{(S^{+}_{i,\ N-1})^2}{4} + K(R^{+}_{i,\ N-1} - H_C)}\right] \tag{6-51}$$

阀门关死后 $Q_P=0$。

下面说明计算 K 的方法。当然，K 与 t 的关系可以从阀的阻力特性，阀开度与 t 的关系得出，不过，阀关闭时的 ξ 值为无穷大，对于接近关闭时的 ξ 值必须另作处理。如果用阀的固有流量特性就不会遇到这个麻烦。按图 6-12 的方法可以找出 K_V 与 t 的关系。将二者以数组方式输入计算机，其下标从 0～NKV(这时 t 用 t_V 表示，K_V 和 t_V 的数据各为 NKV+1 个)。按推导式(6-24)的方法，可以求得在 $t_{V_i} \leqslant t \leqslant t_{V_{i+1}}$ 的范围内，

$$K_V = A_i + B_i t \tag{6-52}$$

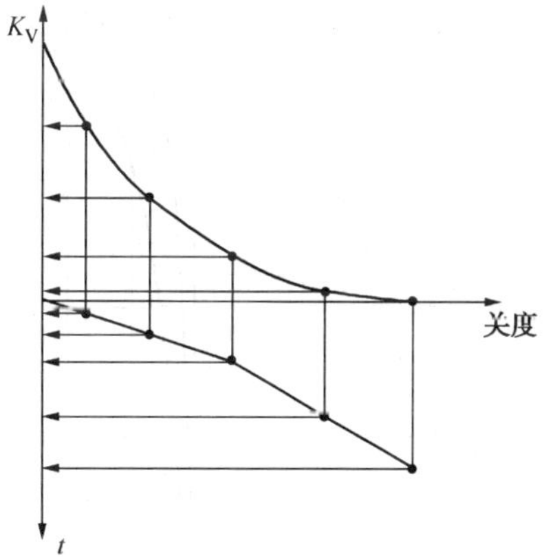

图 6-12　t-K_V 关系的建立

式中，$A_i = K_{Vi} - B_i t_{V_i}$

$B_i = (K_{V_i} - K_{V_{i+1}})/(t_{V_i} - t_{V_{i+1}})$

$i = 0,\ 1,\ 2,\ \cdots,\ NKV$

此后，按式(6-43)可求得 K。

计算流程如图 6-13 所示。

图 6-14 表明终端阀的固有、静态、动态 3 种流量特性。如图 6-14 所示，球阀的固有

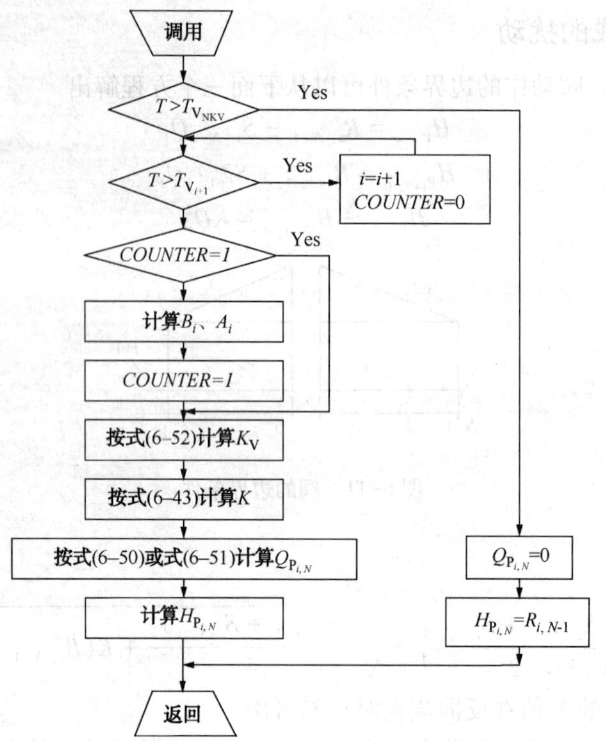

图 6-13　计算阀边界条件的流程

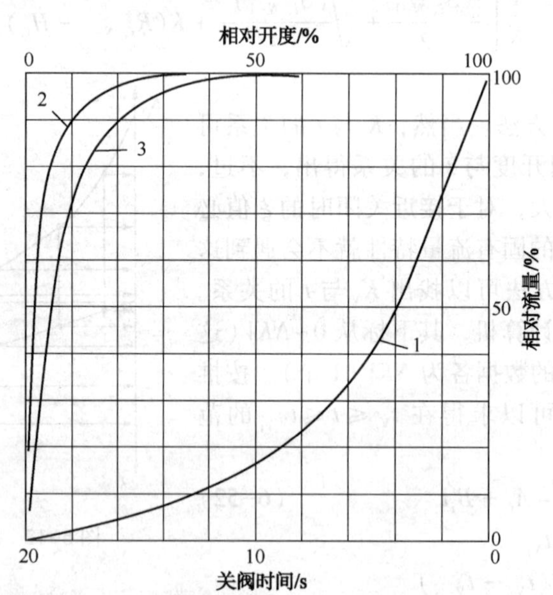

图 6-14　例题 5-1 终端阀的流量特性

1—固有特性；2—静态特性；3—动态特性

流量特性大体上是等百分特性，形状是向下弯曲的，但在此种特定情况下，其静态和动态流量特性完全不同，变成向上弯曲的了，阀的实际节流作用在快要关闭时才显示出来，而且十分强烈。这两种流量特性的形状与图 6-10 中隔膜阀的固有流量特性的形状相似，后者又叫快开特性，即阀在开启最初阶段具有很大的通过能力。工程上常常把与它形状相同的静态和动态特性也叫做"快开特性"，但二者的性质不同。又，动态流量特性与时间有关，固有和静态流量特性与时间无关。

6.4.3　减压阀造成的扰动

有的管道需要配置减压阀，例如自来水管网是低压系统，必须控制供水压力；又如有的输油管道有很长的陡下坡段，需要控制其动压和静压。减压阀的作用是使阀后液压不超过给定值。

减压阀的构造有简有繁，动作情况各不相同。最简单的是自作用式，靠自身的弹簧控制阀后液压。比较复杂的是引导式，由导阀控制主阀的工作。

减压阀在管道上可以有三种工作方式：一是减压式，无论阀前液压多高，阀后压力都减到给定值(由于弹簧效应，有一定的偏差)，这是阀的基本工况；二是通过式，当阀前压力与给定值之差低于某一限度时，阀不再减压，只是一个局部阻力部件；三是截断式，当阀后压力高到某一限度时，阀即关闭，截断液流。

减压阀的边界条件可以写为(图 6-15)

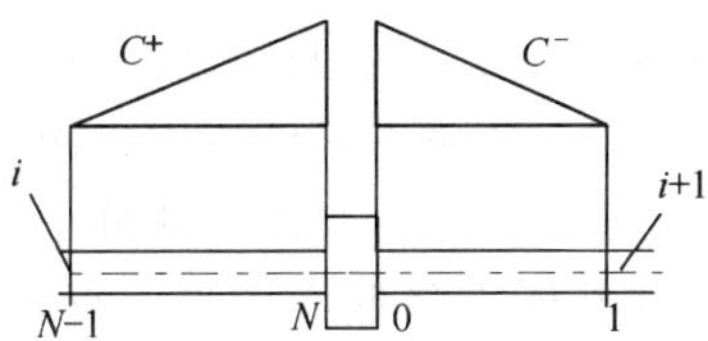

图 6-15　减压阀的边界条件

$$H_{P_{i,\ N}} = R^+_{i,\ N-1} - S^+_{i,\ N-1}Q_P \tag{6-53}$$

$$H_{P_{i+1,\ 0}} = R^-_{i+1,\ 1} + S^-_{i+1,\ 1}Q_P \tag{6-54}$$

$$H_{P_{i,\ N}} - H_{P_{i+1,\ 0}} = \frac{\xi}{2g\omega^2}Q_P^2 \tag{6-55}$$

由此解出

$$Q_P = \frac{g\omega^2}{\xi}\left[-(S^+_{i,\ N-1} + S^-_{i+1,\ 1}) + \sqrt{(S^+_{i,\ N-1} + S^-_{i+1,\ 1})^2 + \frac{2\xi}{g\omega^2}(R^+_{i,\ N-1} - R^-_{i+1,\ 1})}\right] \tag{6-56}$$

这组方程与式(6-29)~式(6-32)完全相同，但是其计算结果为暂时解，必须接着按前述三种情况校核，才能确定正式解。设液流通过减压阀所需的最小压头为 ΔH_{min}，减压阀的阀后定值压头为 H_{PRV}，定值压头与关闭压头之间的偏差为 ΔH_{PRV}。

若 $0 < (H_{P_{i,\ N}} - H_{P_{i+1,\ 0}}) < \Delta H_{min}$，则阀按通过液流方式工作，不减压，上述计算有效，即作为正式解。

在 $(H_{P_{i,\ N}} - H_{P_{i+1,\ 0}}) > \Delta H_{min}$ 并且 $H_{P_{i+1,\ 0}} < (H_{PRV} + \Delta H_{PRV})$ 的情况下，减压阀按减压方式

工作，上述计算可以认为有效。但当阀后压力处于 H_{PRV} 和（$H_{PRV}+\Delta H_{PRV}$）之间时，阀门已经关得很小，ξ 值大为增加，所计算出 $H_{P_{i,N}}$ 偏低，而 $H_{P_{i+1,0}}$ 则偏高。

比较保守的计算方法是：在 $(H_{P_{i,N}}-H_{P_{i+1,0}})>\Delta H_{min}$，并且 $H_{P_{i+1,0}}<H_{PRV}$ 的情况下，取

$$H_{P_{i+1,0}}=H_{PRV} \tag{6-57}$$

此式与式(6-53)和式(6-55)联解得

$$Q_P=\frac{g\omega^2}{\xi}\left[-S_{i,N-1}^{+}+\sqrt{(S_{i,N-1}^{+})^2+\frac{\xi}{g\omega^2}H_{PRV}}\right] \tag{6-58}$$

将这次计算作为正式解。

若 $H_{P_{i+1,0}}>(H_{PRV}+\Delta H_{PRV})$，则减压阀关阀，按 $Q_P=0$ 重新计算。

对于 $H_{P_{i+1,0}}>H_{P_{i,N}}$ 的逆流情况，仍认为正向流动的阻力系数有效。若减压阀有止回作用，就应当按 $Q_P=0$ 计算。

6.5 液柱分离的边界条件

6.5.1 汽穴流和液柱分离的形成

几乎所有工业液体，尤其是天然水，都含有少量的自由气泡。在水力瞬变过程中，若某处的绝对压力降低到液体的饱和蒸气压力，气泡就会膨胀扩大，成为液体汽化的空间。汽泡的增大取决于作用在其上的表面张力、周围的液体压力、液体的蒸汽压力和汽泡内的气体压力，以及汽泡形成后压力随时间变化的情况。自由气体分子也会进入汽泡内，多个汽泡又可结合成大的汽穴，汽穴体积随着外部压力降低而增大，直到内外压力之差足以抵消表面张力。一旦达到这个临界体积，汽穴变得很不稳定并急剧膨胀。这一过程的时间极短，大约为几微秒。

在水平的或坡度很小的管段内，汽穴可以薄薄地散布在管子的顶部，并延伸相当长的距离，这叫汽穴流。

在垂直、坡度很大或有高点的管段中，汽穴可以大到占据管子的整个截面而把液柱分开，这叫做液柱分离。

当压力增高而导致汽穴破灭，或分离的液柱突然合拢时，会产生新的水击。

汽穴流和液柱分离多半发生在低压的或瞬变急剧的液流中。在可能发生这种情况的液流里，水力瞬变可以分为水击、汽穴和液柱分离 3 个区。在水击区，液体内少量气泡微不足道，波速几乎与压力无关；在汽穴区，汽泡散布于液体内，形成液体/气体混合物，波速受气体含量和压力影响很大。3 个区可以同时出现在管道内，某部分为汽穴流，某一特殊部分为液柱分离，其余则为水击区。它们也可以相继出现，开始为水击区，然后形成汽穴流，接着在特殊部位出现液柱分离，在汽穴破灭和分离液柱合拢后又回到水击区。

不言而喻，水力瞬变分析时应计及这些情况才能避免模拟失真。但由于它涉及的未知因素甚多，例如管内各处的含气量、汽泡膨胀和收缩的热力学过程、气体的析出等都难以确定，尤其是烃类混合物的石油产品，其汽化过程涉及的因素更多，故当前只能按照简化的假定进行分析。

6.5.2　液柱分离的边界条件

汽穴流和液柱分离甚为复杂，这里介绍两个比较简单的分析方法。二者相同之处是忽视汽穴区，认为只要液体的绝对压力降到其饱和蒸汽压力即发生液柱分离(这对于油品说来，与实际情况出入较大)，把它作为一个内部边界处理；其不同之处在于是否计及气体的析出。

（1）斯特里特和怀利的方法

他们的方法不计及气体的析出，把液柱分离按纯蒸汽情况来处理，见图 6-16。为简便起见，以简单管道为例。

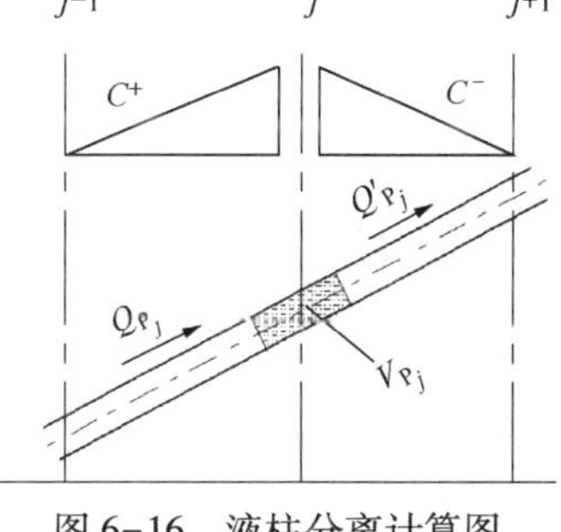

图 6-16　液柱分离计算图

① 当节点 j 的绝对压力低于液体的饱和蒸汽压时，进行液柱分离计算，即用下式判断液柱是否分离：

$$H_{P_j} + H_{大气} - Z_j < H_{蒸汽} \tag{6-59}$$

式中　$H_{大气}$——当地大气压力的液柱高度；

Z_j——节点 j 距基准面的高度；

$H_{蒸汽}$——液体饱和蒸汽压力。

② 取节点 j 的压头为

$$H_{P_j} = Z_j + H_{蒸汽} - H_{大气} \tag{6-60}$$

③ 按下面的公式计算节点处上游和下游的流量

$$Q_{P_j} = \frac{R_A - H_{P_j}}{S_A} = \frac{R_{j-1}^{+} - H_{P_j}}{S_{j-1}^{+}} \tag{6-61}$$

$$Q'_{P_j} = \frac{H_{P_j} - R_B}{S_B} = \frac{H_{P_j} - R_{j+1}^{-}}{S_{j+1}^{-}} \tag{6-62}$$

④ 按下式计算空穴的体积

$$V_{P_j} = V_j + \frac{1}{2}(Q_{P_j} + Q_j - Q'_{P_j} - Q'_j)\Delta t \tag{6-63}$$

式中，V_j 的初值为 0，以后取前步的值。

⑤ 若 $V_{P_j}>0$，说明液柱依然分离，继续按液柱分离进行计算；若 $V_{Pj} \leqslant 0$，说明液柱已经合拢，此节点回复为一般的内节点，按内节点计算。在两液柱合拢之际可能产生明显的水击。

为执行液柱分离的判断，在水力瞬变计算主程序中只需要增加几个语句。图 6-17 是计算内节点的流程图。液柱分离计算则是一个子程序，按图 6-18 的流程进行。

（2）布朗(R. J. Brown)的方法

此方法计及气体的析出，把进入管道气体看作是平均地集中于各个节点，在节点处形成宏观的气穴，其体积为

$$V = \alpha\omega\Delta x \tag{6-64}$$

式中　α——气体与液体混合物的体积比。

当在节点 j 处发生液柱分离时，汽穴的绝对压力为气体分压和液体饱和蒸汽压之和，按理想气体可逆的多变关系有

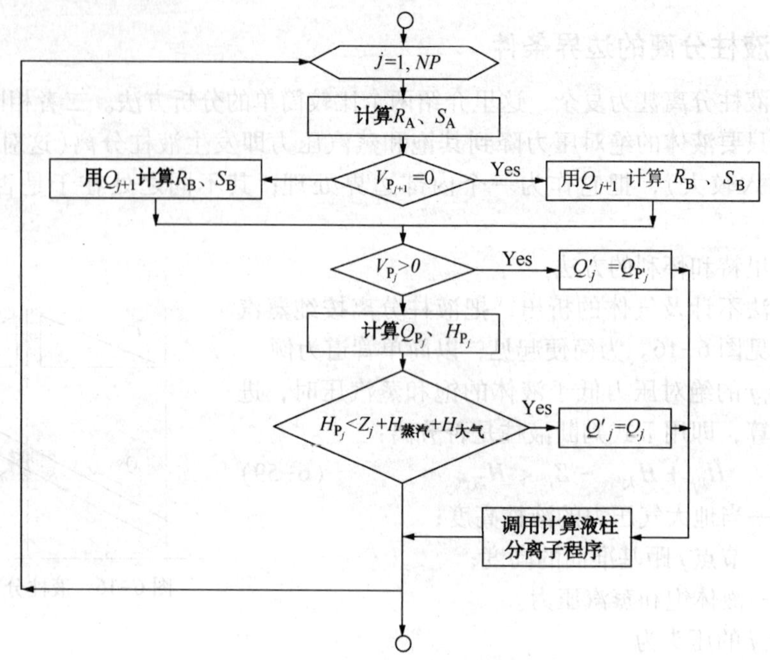

图 6-17　内节点计算的流程

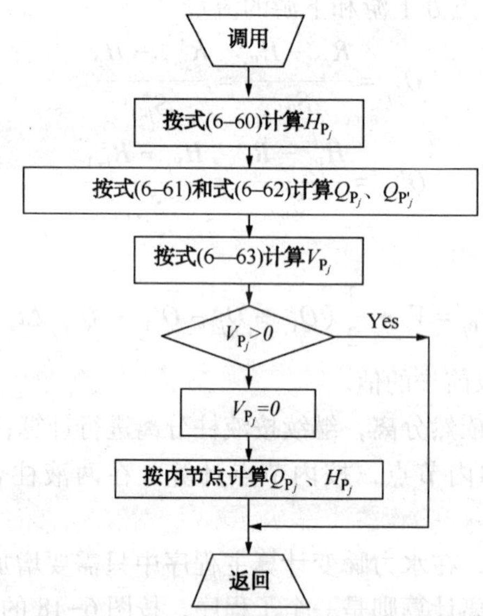

图 6-18　液柱分离计算子程序的流程

$$(H_{P_j}-h)V_{P_j}^n=G \tag{6-65}$$

式中　h——汽穴内表压力对基准面的压头；

V_{P_j}——节点 j 处的瞬变汽穴体积；

n——多变指数；

G—常数。

多变指数取决于汽穴的热力学过程，等温过程 $n=1$，等熵过程 $n=1.4$。变化缓慢时接近于等温过程，变化急剧时按近于等熵过程，计算时可取其平均值 1.2。

气体常数可从汽穴在稳态时的状态求得。

汽穴的连续方程可写为

$$V_{P_j} = V_j + \frac{1}{2}\Delta t(Q_{P_j} + Q_j - Q'_{P_j} - Q'_j) \tag{6-66}$$

式中，V_j 的初值用式(6-64)计算，以后取前时步的值。

联解式(6-61)、式(6-62)、式(6-65)、式(6-66)即可求得 H_{P_j}、V_{P_j}、Q_{P_j}、Q'_{P_j}，这需要迭代，其流程如图 6-19 所示。

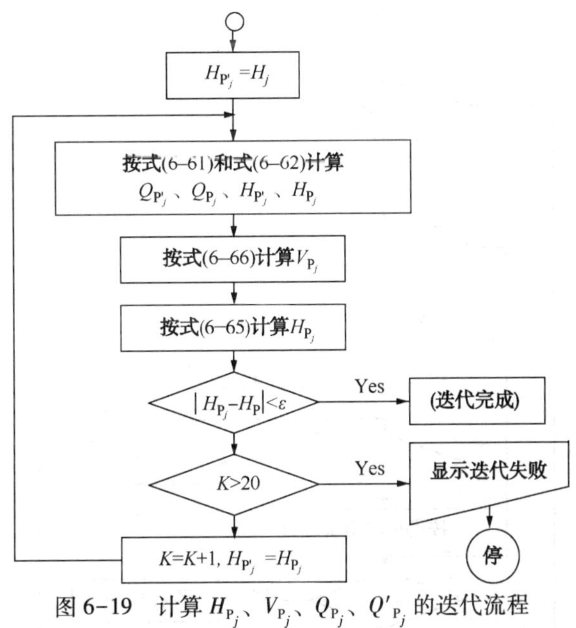

图 6-19　计算 H_{P_j}、V_{P_j}、Q_{P_j}、Q'_{P_j} 的迭代流程

其余的处理方法与斯特里特和怀利的方法相同。

6.5.3　节点位置高程的计算

先把管道纵断面上特征点的坐标输入计算机，然后计算各节点的高程。

为了简单起见，以简单管道为例来说明计算方法。

如图 6-20 所示，黑圆点是管道纵断面的特征点，节点 j 距管道起点的距离为 x_C，处于 x_{j_x} 和 $x_{j_{x+1}}$ 之间，其高程则为

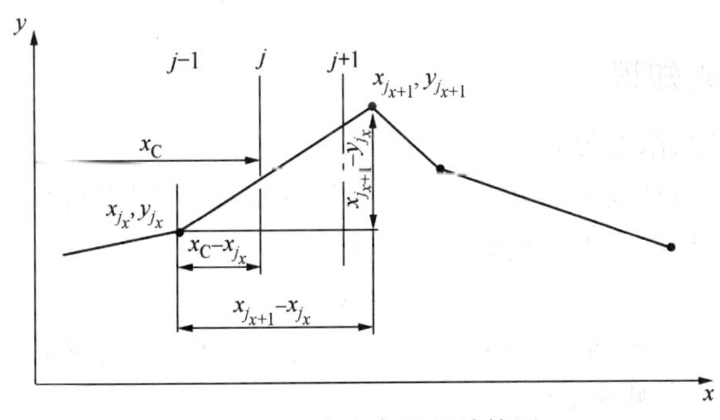

图 6-20　节点高程的计算图

$$Z_j = y_{j_x} + (x_C - x_{j_x}) \frac{y_{j_{x+1}} - y_{j_x}}{x_{j_{x+1}} - x_{j_x}} \tag{6-67}$$

计算出 Z_j后，x_C增加 Δx，判断下一个节点所在的区间，计算其高度。

计算流程如图 6-21 所示，图中 *XMAX* 为管道总长度，下标 *NPT* 为所取管道纵断面特征点的数目。

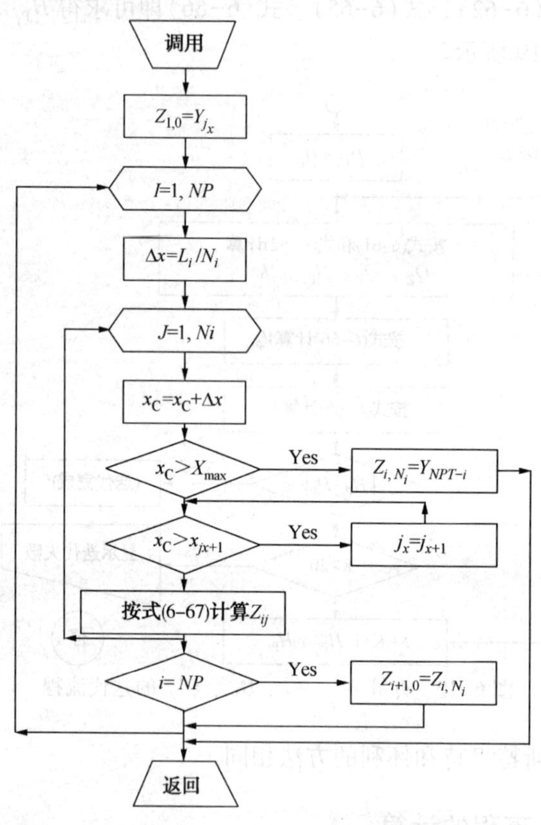

图 6-21 节点高程的计算流程

6.6 油品顺序输送的边界条件

6.6.1 有关基础知识

(1) 混油长度及油品浓度分布

输油管道经常实行两种以上油品沿一条管道顺序输送。不同油品的接触会形成混油，其位置随时间向前推移，长度则不断增加，大体上为：

$$l_{mix} = Kl^n \tag{6-68}$$

式中 K——因数，取决于雷诺数、管径、管壁相对粗糙度等一系列因素；

l——混油段移动的距离；

n——指数，0.5 左右。

对于长输管道，一般情况下 l_{mix} 小于管道全长的 1%。

混油段内两种油品浓度的分布状况具有误差函数的特征，形状如图 6-22 所示，可表达为：

$$C_A = 1 - C_B = 0.5\left[1 + \mathrm{erf}\left(\frac{x}{2\sqrt{D_T t}}\right)\right] \tag{6-69}$$

式中 C_A 和 C_B——前行和后行两油品的浓度；

erf——误差函数符号；

x——所研究截面距混油段中央的距离；

D_T——扩散系数，取决于雷诺数等一系列因素；

t——混油段在管道内移动的时间。

混油机理、混油长度、混油浓度等专门知识将在以后的专业课程中学习。

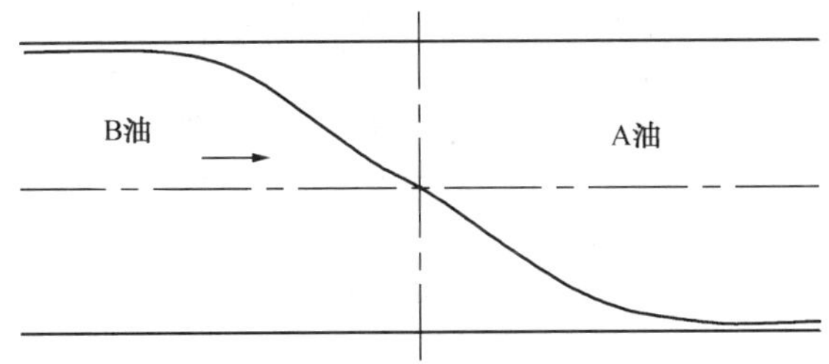

图 6-22 混油段内两油品浓度分布状况

（2）水力特点

由于管道内有物性不同的油品及其混合物，各种油品及混油段的长度和位置又随时间而变，顺序输送时液流是不稳定的，但不稳定程度差别甚大。混油进入首泵站的情况是：由于首站的进入管线一般不长，混油段很短，其内油品浓度梯度很高，而泵压正比于液体的密度，变化是比较强烈的，足以造成水击；水击可能历时几十秒之久，然后趋于平静。混油段到达中间泵站时已经具有相当的长度，其内油品浓度梯度显著降低，故泵压的变化已趋平缓，一般不会发生明显的水击，管道内液体的变速近似于刚性液柱的变速。混油段沿管线移动过程中，由于摩阻和静压的变化，流量和压力也相应发生变化，但一般十分缓慢，不会发生水击，也没有多大的惯性力。因此，按流动不稳定程度的不同，顺序输送过程可分为三个区：水击区——混油经过首泵站；渐变区——混油经过中间泵站；缓变区——混油沿管线移动。

顺序输送过程可用图形来描述。设有两个泵站的管道进行顺序输送，两站的特性完全相同，第二站设在管道的中央，输送油品 A 和 B，前者的密度和黏度比后者低。据此可绘出泵站和管线的 Q(流量)-p(压力)特性曲线，如图 6-23 所示。线“泵$_A$+泵$_A$”、“泵$_A$+泵$_B$”、“泵$_B$+泵$_B$”分别为两站都泵送 A 油、一站泵送 A 油另一站泵送 B 油、两站都泵送 B 油的总特性，线“管$_A$+管$_A$”、“管$_A$+管$_B$”、“管$_B$+管$_B$”分别为两段管线都输送 A 油、一段输送 A 油另一段输送 B 油、两段都输送 B 油的总特性。管道输送 A 油时系统工作点在 a，切换入 B 油时发生水击，系统进入水击区，没有统一的工作点。待水力扰动消失后，系统可认为有了统一的工作点。随着管内油品的更迭，工作点沿着线“泵$_A$+泵$_B$”向左上方移动。混油到达中间泵站后，泵压开始变化，系统进入渐变区。混油通过中间站后，系统工作点沿着线“泵$_B$+泵$_B$”继续向左上方移动。油品更换完毕后，系统工作点稳定在b。若是以A油置换B油，则工况的变化路径是从b按箭头方向至a。

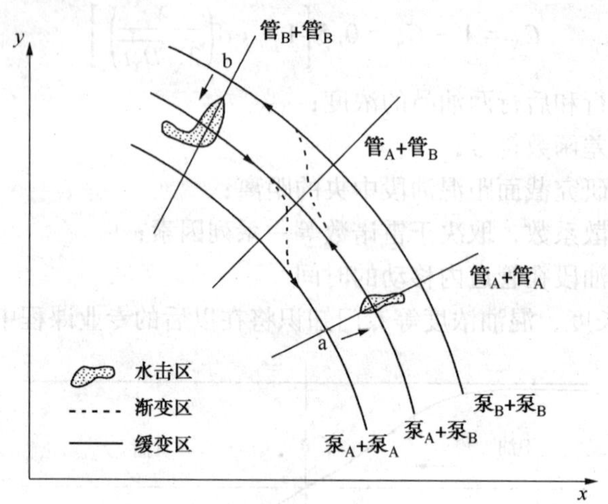

图6-23　顺序输送的水力过程

由此可知，顺序输送过程中发生的水力扰动，既可以来自其他因素，也可以由油品更迭引起，二者还可能交织在一起。

6.6.2　边界条件

（1）混油经过泵

在这种情况下，由于水力扰动主要起源于泵压的变化，相邻差分段内油品密度、黏度不均一的影响甚小，在写特征方程时，可以简单地把泵的上游段内视为全都是后行油品，下游段内全都是前行油品。这里不同于过去的是：两个差分段内是不同的油品，用各自的特征方程计算出的压头只属于各自的油品。为了便于联解，可将压头变换成水动压力。于是，此边界条件可表述为

$$C^+ \quad P_{i,N} = \rho_B g(R^+_{i,\ N-1} - S^+_{i,\ N-1} Q_P - Z) \tag{6-70}$$

$$C^- \quad P_{i+1,\ 0} = \rho_A g(R^-_{i+1,\ 1} + S^-_{i+1,\ 1} Q_P - Z) \tag{6-71}$$

$$P_{i+1,\ 0} - P_{i,\ N} = \rho_{mix} g(A - BQ_P^2) \tag{6-72}$$

式中　ρ_A、ρ_B、ρ_{mix}——前行、后行、混合油品的密度；

Z——泵的位置高程；

A、B——泵特性方程中的常系数。

联解式(6-70)~式(6-72)可得

$$Q_P = \frac{-S + \sqrt{S^2 + \alpha B[\alpha A + \beta R^+_{i,\ N-1} - R^-_{i+1,\ 1} + (1-\beta)Z]}}{\alpha B} \tag{6-73}$$

式中　$S = (\beta S^+_{i,\ N-1} + S^-_{i+1,\ 1})/2$

$\alpha = \rho_{mix}/\rho_A$

$\beta = \rho_B / \rho_A$

混油密度按下式计算

$$\rho_{mix} = C_A \rho_A + (1 - C_A) \rho_B \tag{6-74}$$

对于进入管线短的首站，$R_{i,N-1}$ 取为供油压头，$S_{i,N-1}$ 取为 0。若把混油视为两种油品泾渭分明的界面(即混油长度等于 0)，则 $\alpha = \beta = \rho_B / \rho_A$，这时水力扰动最为强烈。

【例题 6-1】 水平管道长 20km，管子为 ϕ159×6mm，设两个泵站，站距 10km，站特性为 $H=250-51566Q^2$(H 的单位为 m，Q 的单位为 m^3/s)，进站压头恒为 40m，管道终端压头恒为 38m；先输送汽油，其密度为 $730kg/m^3$，黏度为 $0.821\times10^{-6}m^2/s$，水击波传播速度为 1000m/s；然后以柴油置换，其密度为 $830kg/m^3$，黏度为 $3.34\times10^{-6}m^2/s$，水击渡传播速度为 1100m/s。给出混油经过泵站时，泵站上流量和压力的变化情况。

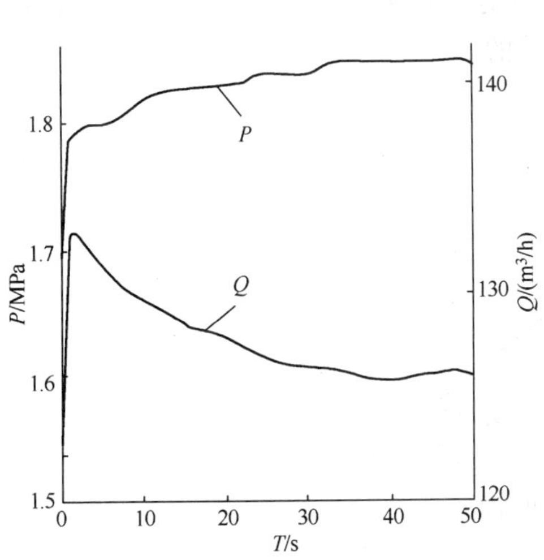

图 6-24 柴油进入首站时该站流置和排压的变化

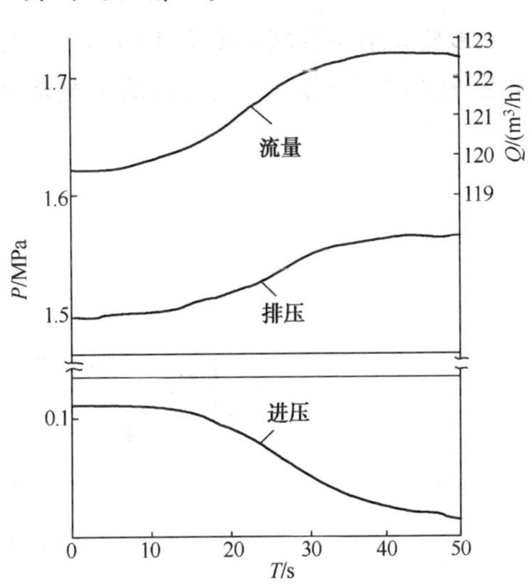

图 6-25 混油进入中间泵站时该站流量、进压和排压的变化

【解】 柴油进入首泵站后该站流量和排压的变化情况如图 6-24 所示。混油中央到达中间泵站时，C_B 为$(1\sim99)\times10^{-2}$段的长度约为 100m，它经过泵站时，其流量、进压、排压的变化情况如图 6-25 所示。前者显示发生水击，后者则为渐变，大体上与混油密度的变化相对应。

(2) 混油在管内

可把混油段中央置于相应的差分节点上，以它作为内部边界，认为节点上游管段内全是后行油品，下游管段全是前行油品。当混油段中央移动到下一个节点时，内部边界换到该节点。

此边界条件为

$$C^+ \qquad P_P = \rho_B g(R_{up} - S_{up} Q_P - Z) \tag{6-75}$$

$$C^- \qquad P_P = \rho_A g(R_{dn} + S_{dn} Q_P - Z) \tag{6-76}$$

联解两式得

$$Q_P = \frac{\beta R_{up} - R_{dn} + (1 - \beta) Z}{\beta S_{up} + S_{dn}} \tag{6-77}$$

式中 R_{up}、S_{up}、R_{dn}、S_{dn} ——相当于 $R^+_{i,N-1}$、$S^+_{i,N-1}$、$R^-_{i+1,1}$、$S^-_{i+1,1}$。

第7章 管网工况计算

水力瞬变计算通常是以稳态为其初始工况。在管网的水力计算中，稳定工况的复杂性不亚于非稳定工况，故本章对管网的稳态计算和瞬态计算都给于具体的阐述。

7.1 多枝共结管网稳定工况的计算

多枝共结型管网如图 7-1 所示，可以是不只一条支线上有泵，也可以是一台泵也没有。像这种仅有一个分支点的管道的工况是比较容易计算的。

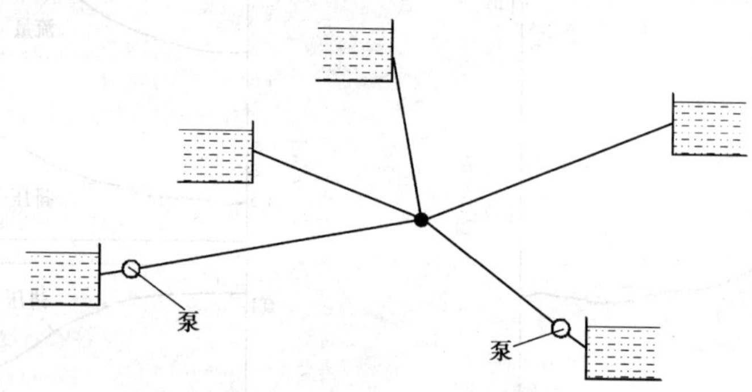

图 7-1 多枝共结型管网

多枝共结型管网计算必须满足以下条件：

① 结点流量平衡：流入结点的流量等于流出结点的流量；

② 结点压头相同：各支线在结点处的压头相同；

③ 各支线满足水力摩阻与流量的关系。

这里提供一些通用解法和程序。其思路是：取一个必定是流入结点的支线进行试算，若试算用的流量低于其实际流量，则按试算流量计算此支线在结点处的压头高于实际值，以此压头计算其他支线的流量，流入结点者(取为正)偏小，甚至成为流出，而流出结点者(取为负)都偏大，因此，在结点处各流量的代数和 $\sum Q_i < 0$。加大试算流量再算，……当试算到 $\sum Q_i > 0$ 时，表明该支线的实际流量处于前次和这次的试算值之间。此后，在这两个试算值之间用对分法逐次逼近求解。具体方法如下所述：

(1) 取 $Z_i + A_i$ 为最高的支线作为试算的基准线。Z_i 为各支线终端的液面距基准平面的高度，A_i 为各支线上的泵在流量为 0 时的压头，若该支线上没有泵，则 $A_i = 0$。

(2) 取基准线的试算流量为 Q_B(第一次试算 Q_B 为 0)，计算基准线在结点处的压头：

$$H_i = Z_{BS} + A_{BS} - B_{BS} | Q_B |^{m_{pBS}} f_{BS} L_{BS} Q_B | Q_B |^{1-mBS} \tag{7-1}$$

式中 A、B、m_p——泵性能方程中的常系数和指数，若该支线上没有泵，均为 0；

f——支线的摩阻系数；

L——支线的长度；

m——支线的流态指数；

BS——基准支线号码。

(3) 以结点压头为 H_i，计算其他支线的流量：

对于流入结点的支线($Z_i + A_i > H_i$)，Q_i 取正值，用下式计算：

$$Z_i + A_i - H_i - B_i Q_i^{m_{p_i}} - f_i L_i Q_i^{m_i} \quad (7-2)$$

若 $m_{p_i} = 2 - m_i$，此式可直接求解，否则，用牛顿迭代法求解，送代初值从假定 $m_{p_i} = 2 - m_i$ 的条件算出。

对于流出结点的支线($A_i = 0$ 且 $H_i > Z_i$)，Q_i 取负值，用下式计算：

$$Z_i - H_i + f_i L_i Q_i^{m_i} = 0 \quad (7-3)$$

对于有泵的支线($A_i > 0$)，若 $H_i \geqslant Z_i + A_i$，则泵的排出止回阀关闭，该支线的流量为 0。

(4) 若 $\sum Q_i < 0$，则加大试算流量再算，一直试算到 $\sum Q_i > 0$ 为止。

(5) 此后，在这次和前次的试算流量之间用对分法继续试算，至 $\sum Q_i$ 达到规定的精度或对分到规定的次数为止。

首次试算时，假定各支线的液流都处在混合摩擦区，以后根据计算结果予以修改，然后重复上述全部试算过程，直到各支线的实际流动区域与计算所取的区域相符合为止。

流态可以直接按流量进行判断。从下述关系：

雷诺数：$Re = \dfrac{VD}{\nu} = \dfrac{4Q}{\pi D\nu}$

特性雷诺数：$Re_1 = 22.2\,(D/K)^{8/7}$，$Re_2 = 597\,(D/K)^{9/8}$

层流区：　$Re < 2000$，　由此可得：$Q < 0.25\pi\nu D$

水力光滑区：$2000 < Re < Re_1$，　由此可得：$0.25\pi\nu D < Q < 5.55\pi\nu D^{\frac{15}{7}} K^{\frac{-8}{7}}$

湍流过渡区：$Re_1 < Re < Re_2$，　由此可得：$5.55\pi\nu D^{\frac{15}{7}} K^{\frac{-8}{7}} < Q < 149.25\pi\nu D^{\frac{17}{8}} K^{\frac{-9}{8}}$

完全粗糙区：$Re > Re_2$，　由此可得：$Q > 149.25\pi\nu D^{\frac{17}{8}} K^{\frac{-9}{8}}$

式中　D——管内径；

K——管壁当量粗糙度；

ν——液体运动黏度。

试算的流程如图 7-2 所示，图中 SEP 为给 $\sum Q_i$ 规定的精度。

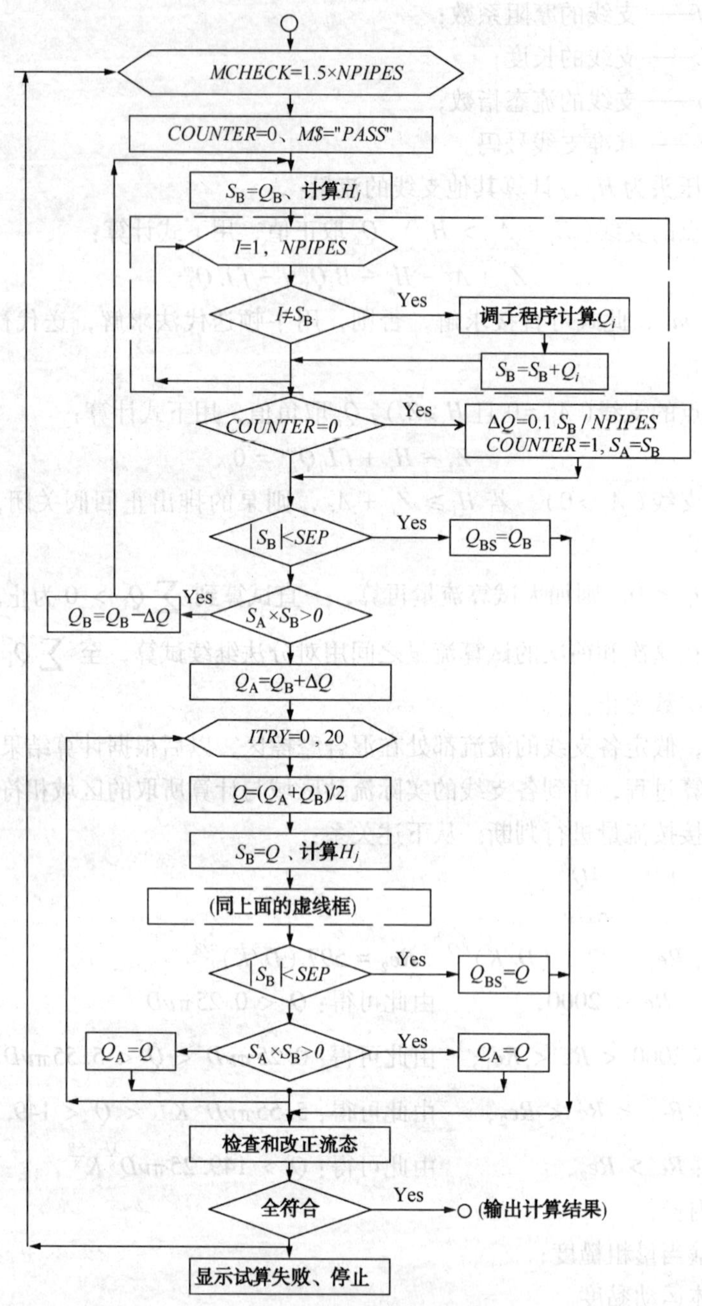

图 7-2　多枝共结型管网迭代计算流程

7.2　环状管网稳定工况的计算

环状管网的结构千差万别。图 7-3 表示比较简单的管网，进出管网的流量为已知，支钱上没有局部阻力，或局部阻力可并入管子的沿程阻力之中，定量输入和输出借人工或自动控制方法实现。图 7-4 表示比较复杂的管网，支线上有需要专门计算其工况的水力部件(图中为泵)，有通恒液位容器的终端。容器的存在破坏了管网中的回路，但将容器与另一容器或结点用虚拟线连接起来，仍可构成虚拟回路。

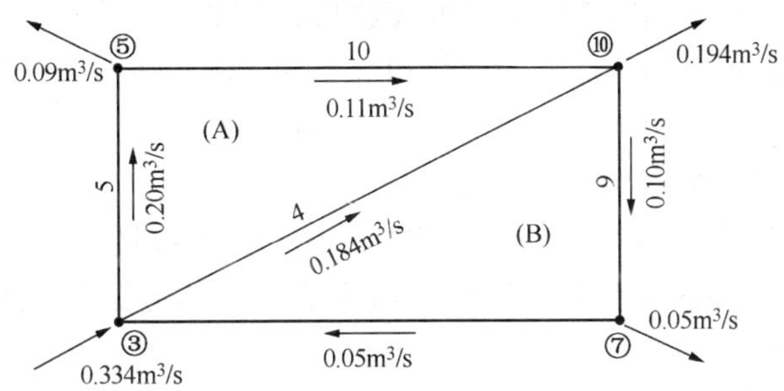

图 7-3　简单的环状管网

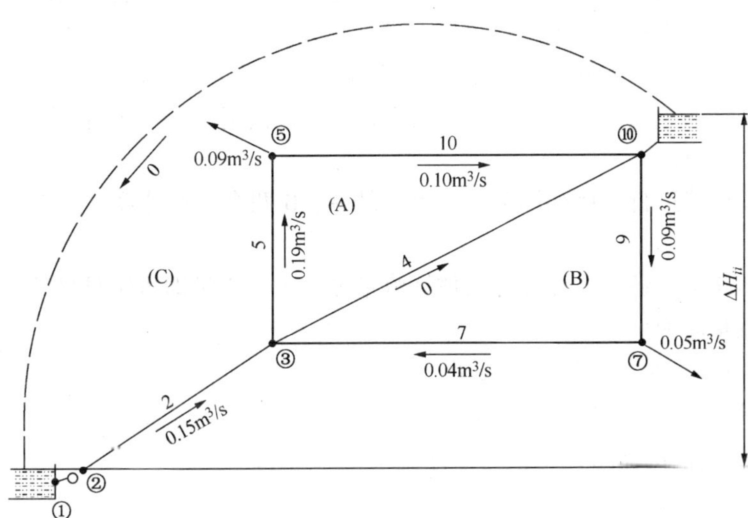

图 7-4　较复杂的环状管网

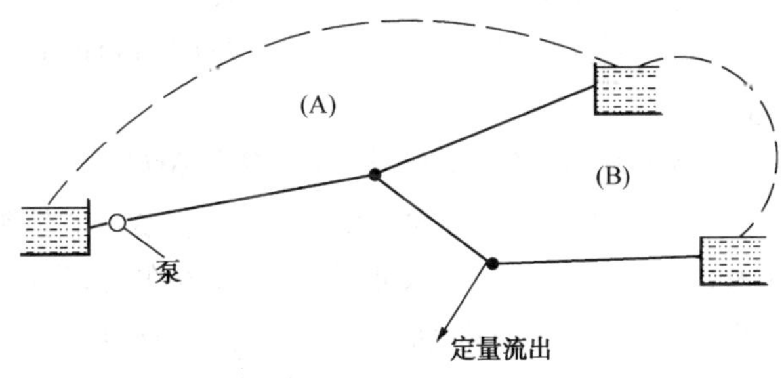

图 7-5　用虚拟线把分支管道“补足”为环状管网

用虚拟线还可以把分支管道“补足”为环状管网(图 7-5)，使分支管道也能按环状管网计算。

为了便于计算，支线和水力部件需编号，号码可任意编排，但不可重复。结点另行编号。

管网计算必须满足下面3个条件：

① 结点流量平衡：每个结点进出流量的代数和应为零；

② 回路压降平衡，每个回路压降的代数和应为零，例如在图7-3的回路A中，液流从点3经点5至点10的压降，应等于从点3至点10的压降；

③ 各支线应满足水力摩阻与流量的关系。

按上述三个条件可以写出方程组。由于其中摩阻项是非线性的，此方程组为非线性方程组，难以用解析法求解，必须借助于各种数值方法。具体方法有几种，这里仅介绍克罗斯法。

7.2.1 哈迪·克罗斯法

哈迪·克罗斯(Hardy · Cross)法易于理解和应用，对于并不特别庞大的管网的计算行之有效，且可手算，在工程计算中广泛采用。其基本方法如下所述。

首先，按照结点流量平衡条件估计各支线的流量，图7-3和图7-4中各待求流量的方向和数值都是估计的。当然，这样的估计几乎都不能满足另外两个条件，需要校正，以寻求满足全部条件的流量。

校正计算按回路进行，例如图7-3所示需按A、B两个回路计算，图7-4需按A、B、C三个回路计算。

假定在某回路中，各支线和部件的估计流量加一个校正量即可满足另外两个条件，则各支线和部件的流量应为

$$Q_i = Q_{0i} + \Delta Q \tag{7-4}$$

式中 Q_i——校正后的流量；

Q_{0i}——校正前的流量，初值为估计流量，

ΔQ——校正量；

i——支线和部件的编号。

对于仅由管子组成的支线(局部阻力并入管子阻力中)，其压头损失为

$$\Delta H_i = f_i L_i Q_i^{2-m_i} = f_i L_i \left(Q_{0i} + \Delta Q\right)^{2-m_i} \tag{7-5}$$

式中，$(Q_{0i}+\Delta Q)^{2-m_i}$可按二项式定理展开。因为通过反复迭代可使 ΔQ 大大地小 Q_{0i}，故可取前两项作为其近似式，即

$$\Delta H_i = f_i L_i \left[Q_{0i}^{2-m_i} + (2-m_i) Q_{0i}^{1-m_i} \Delta Q\right] \tag{7-6}$$

在回路压降计算中，必须计及压降的方向，即 $Q_{0i}^{2-m_i}$ 的正负，它既取决于该液流在回路中的假定方向：顺时针为正，逆时针为负，又取决于该液流在校正计算过程中出现的正负(即对估计流向的肯定或否定)。为此，将 $Q_{0i}^{2-m_i}$ 写作 $S_i Q_{0i} \mid Q_{0i} \mid^{1-m}$，以计及这两种情况。式(7-6)等号右边的第二项为修正，流量取绝对值，使此项的正负仅由 ΔQ 的符号决定。于是，对仅由管子组成的回路，其压降方程可写为

$$\sum \Delta H_i = \sum S_i f_i L_i Q_{0i} \mid Q_{0i} \mid^{1-m_i} + \Delta Q \sum (2-m_i) f_i L_i \mid Q_{0i} \mid^{1-m_i} = 0 \tag{7-7}$$

由此解出

$$\Delta Q = -\frac{\sum S_i f_i L_i Q_{0i} \mid Q_{0i} \mid^{1-m_i}}{\sum (2 - m_i) f_i L_i \mid Q_{0i} \mid^{1-m_i}} \tag{7-8}$$

式中　S_i——液流假定方向在回路中顺时针者为 1，逆时针者为-1。

对于有虚拟支线的回路，图 7-4 中的回路 C，虚拟支线的"液流"方向必须标记为从高液位流向低液位，不得相反，数值则为零，压降为高液位减低液位，数值为正，在回路中的正负则由"液流"方向决定。如果该回路中只有管子和虚拟支线，则校正流量用下式计算：

$$\Delta Q = -\frac{\sum S_i f_i L_i Q_{0i} \mid Q_{0i} \mid^{1-m_i} + S_x \Delta H_x}{\sum (2 - m_i) f_i L_i \mid Q_{0i} \mid^{1-m_i}} \tag{7-9}$$

式中　S_x——虚拟支线的流向在回路中顺时针者为 1，逆时针者为-1。

对于有泵的回路，图 7-4 中的回路 C，应将泵看作是一个独立部件，其液流的方向必须与泵送方向一致，不得相反。泵提供压能以克服摩阻，在回路中对摩阻起抵消作用。如果该回路中只有管子和泵，则校正流量按下式计算：

$$\Delta Q = -\frac{\sum S_i f_i L_i Q_{0i} \mid Q_{0i} \mid^{1-m_i} - S_P (A - BQ_P \mid Q_P \mid^{mp-1})}{\sum (2 - m_i) f_i L_i \mid Q_{0i} \mid^{1-m_i} + mpB \mid Q_P \mid^{mp-1}} \tag{7-10}$$

式中　A、B、mp——泵性能方程中的常系数和指数；

S_P——泵送方向在回路中为顺时针者为 1，逆时针者为-1。

必须指出，在式(7-10)中，虽然对泵送流量 Q_P加有绝对值符号，但负流量仅允许出现在校正计算过程中，绝不能成为最后的解，因为这意味着液流与泵送方向相反。若出现这种情况，则认为该解算无效。如果泵排出口设有止回阀，可认为止回阀关闭，将此通道从管网中撤离，重新假定有关支线的流量进行计算；否则，就必须用泵在第二象限内运行的性能进行计算。

图 7-4 的回路 C 中既有虚拟支线又有泵，校正流量显然是式(7-9)和式(7-10)的综合。

把 ΔQ 代入式(7-4)，对流量进行校正。这时必须按该回路中各支线液流的假定方向，确定是加上或是减去 ΔQ(ΔQ 本身有正负之别)，故式(7-4)应改为：

$$Q_i = Q_{i0} + S_i \Delta Q \tag{7-11}$$

式中　S_i——液流假定方向在回路中顺时针者为 1，逆时针者为-1。

所有的回路都计算完毕之后，进行下一轮的流量校正计算，一直计算到满足规定的精度或达到规定的次数为止。

7.2.2　计算程序及其应用

迭代计算的主要流程如图 7-6 所示，图中数组 *IND* 为回路中部件的索引(Index)，描述管网的结构，变量 I_1为该回路的部件数量，I 为部件号码，ε 为迭代精度。索引方法在下面描述数据的输入时具体说明。

压头计算的流程如图 7-7 所示，图中数组 *IPATH* 为压头计算路径的索引，变量 K 为每次计算时上游结点的号码，I 为部件的号码，N 为下游结点的号码。路径的索引方法在下面的描述数据的输入时说明。

正确地输入数据是应用示倒程序的关键。其实，只要能正确地输入数据，不读懂程序也可进行计算。数据必须严格地按照下述步骤和方法置入。

第一步：置入液体黏度、迭代最大次数、迭代精度三个数据。

第二步：置入管子的数据。

（1）置入标识符号 PIPES”和管子的数目；

（2）置入管子的号码，以及该管子的管径、长度、当量粗糙度、估计流量。估计流量按结点流量平衡原理确定，这里都取为正值。每条管子的数据占一条语句。毋需以管子的号码为序。

第三步：置入虚拟线的数据。

（1）置入标识符号“PSEUDOS”和虚拟线的数目。若没有虚拟线，数目为零；

（2）置入虚拟的号码及其液位差。液位差必须是高液位减低液位。若没有虚拟线，则没有这组数据。

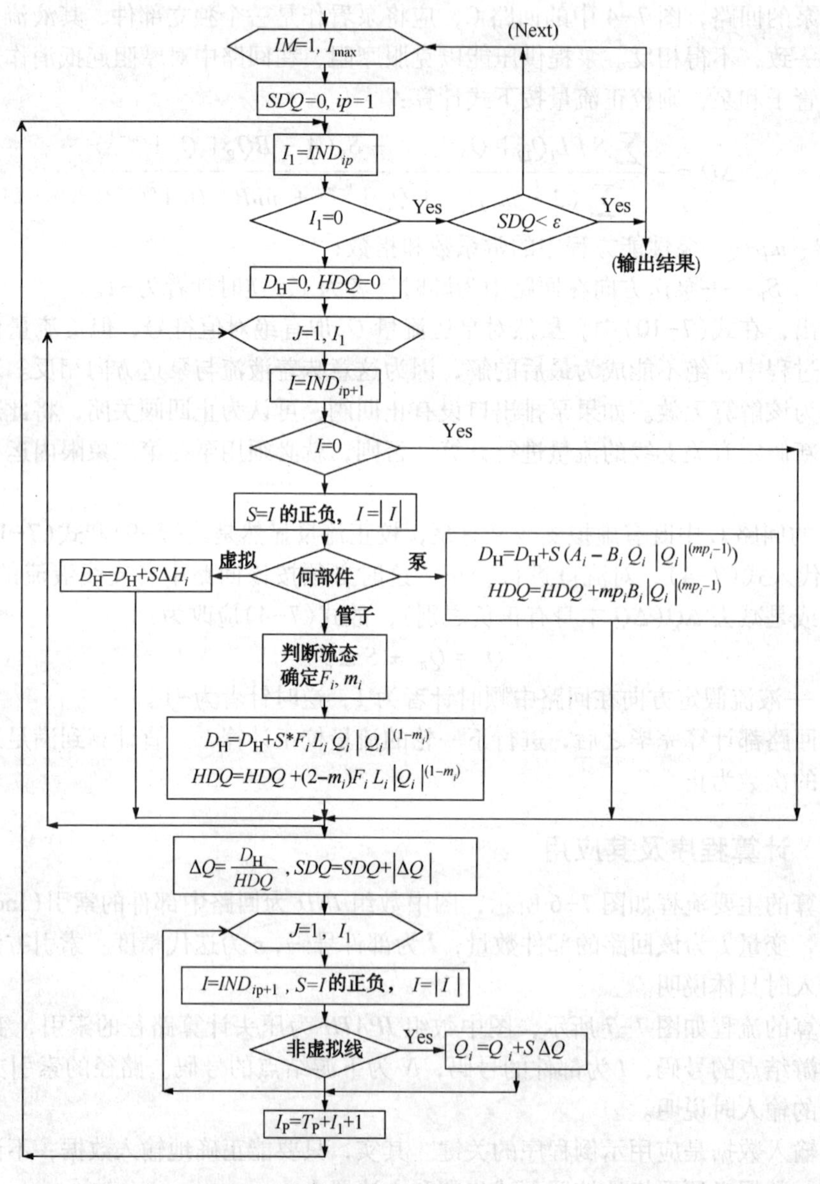

图 7-6　流量迭代计算流程

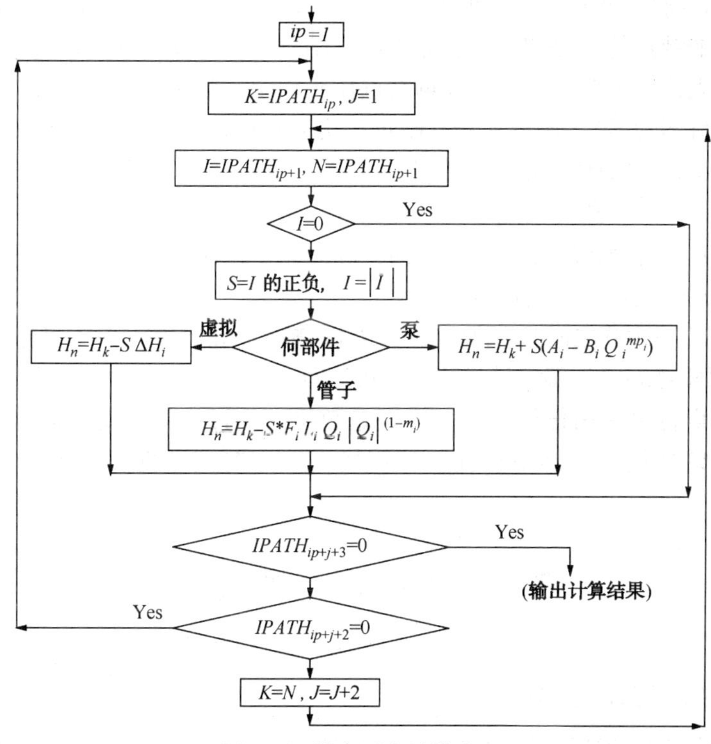

图 7-7　结点压头计算流程

第四步：置入泵的数据。

（1）置入标识符“PUMPS”和泵的数目。若没有泵，数目为零。

（2）置入泵的号码，及其常系数、指数和估计流量。估计流量务必与泵送方向一致。毋需以泵的号码为序。着没有泵，则没有这组数据。

第五步：置入回路索引。

（1）置入标识符“INDX”和索引数目。

（2）以回路为单元，置入其中部件的数目及各部件的号码。部件号码应以正负来说明其估计液流在回路中的方向：顺时针为正，逆时针为负。各个回路没有先后之别，数据可以连在一起。

图 7-3 所示管网的索引可表示如下：

回路	A				B			
项目	管数	管号			管数	管号		
IND_i	3	5	10	−4	3	4	9	7
i	1	2	3	4	5	6	7	8

回路索引以一维数组描述管网的结构。管网结构也可以用二维数组描述，第一个下标为回路号码，第二个下标依次对应于为各管件的号码，这有利于读程序，但比索引多占计算机的内存。

第六步：置入基准结点的压头。

(1) 置入标识符“NODES”和基准结点”数目。如不进行结点压头计算，数目为零。

(2) 置人基准结点的号码和压头。如不进行结点压头计算，则没有这组数据。

第七步：有无这一步依是否需要计算结点压头而定。如果需要计算结点压头(即在第六步中基准结点数目不为零)，则置入计算结点压头的路径索引。

(1) 置入标识符“PATHS”和索引数目。

(2) 以路径为单元，置入结点号——部件号——结点号……部件号——结点号。部件号应以正负来说胡其估计液流在路径中的方向：顺向为正，逆向为负。若不止一条路径，则在其间用零隔开，它也应计入索引数目。

部件号码可在1~100之间任意编定，毋需保持连贯和顺序，但不可重复。结点号码也可在1~100之间任意编定。部件号与结点号可以重复。

实际上，标识符可采用任何字样，甚至是数字。不过，采用文字数据有利于阅读和防止差错：若数据的数量和安排不正确，计算机在读入时因数据类型不符而将此差错提示出来。

7.3 管网水击的计算

7.3.1 初始工况的参数

由于管网稳定工况的计算是以某种精度而不是精确地满足其所要求的条件，输出数据的位数又有取捨，若把这样的数据作为水力瞬变计算的初始工况，有可能未施加任何扰动，其水力状态却会随时间而变动。但是，只要稳态工况计算有较高的精度，此种变动一般很小，甚至显现不出，不予考虑也是可以的。

完全满足稳定工况的条件，消除水力状态自行变动的办法是修改个别参数。这里采用修改摩阻系数法，即各管子的摩阻系数不用稳态计算的数据，而用下式计算：

$$f_i = \frac{H_{i,\ 0} - H_{i,\ Ni}}{Q_i^{2-m_i} L_i} \tag{7-12}$$

式中，等号右边的参数取稳态工况的计算值。此计算可置于程序中。

7.3.2 分支结点的边界条件

管网分支点的结构型式多种多样。为了分析方便，这里把它仍分成“标准”和“特殊”两种类型。

(1)“标准”型分支结点

一般说米，管网的分支结点绝大多数属于“标准”型，可以用同一种方法进行计算。标准型结点有以下三种。

① 普通分支结点

图7-8表示普通的分支结点，其水力特点是：结点流量平衡，结点压头一致。可以写出下面三个特征方程：

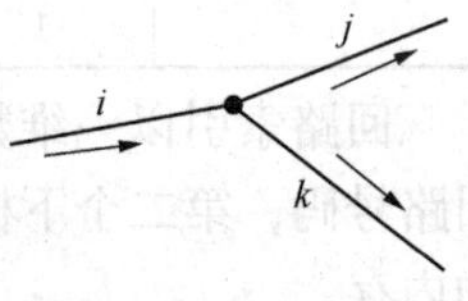

$$H_{\mathrm{P}} = R_{i,\ Ni-1}^{+} - S_{i,\ Ni-1}^{+} Q_{\mathrm{P}i,\ Ni}$$

$$H_{\mathrm{P}} = R_{j,\ 1}^{-} + S_{j,\ 1}^{-} Q_{\mathrm{P}j,\ 0}$$

i j k

图7-8 普通分支结点

$$H_P = R_{k,1}^- + S_{k,1}^- Q_{Pk,0}$$

它们可以改写为

$$+Q_{Pi,Ni} = \frac{R_{i,Ni-1}^+}{S_{i,Ni-1}^+} - \frac{H_P}{S_{i,Ni-1}^+} \tag{7-13}$$

$$-Q_{Pj,0} = \frac{R_{j,1}^-}{S_{j,1}^-} - \frac{H_P}{S_{j,1}^-} \tag{7-14}$$

$$-Q_{Pk,0} = \frac{R_{k,1}^-}{S_{k,1}^-} - \frac{H_P}{S_{k,1}^-} \tag{7-15}$$

按结点流量平衡原理，$\sum Q_P = 0$，可得

$$R_S - S_S H_P = 0$$

由此解出

$$H_P = \frac{R_S}{S_S} \tag{7-16}$$

式中，$R_S = \frac{R_{i,Ni-1}^+}{S_{i,Ni-1}^+} + \frac{R_{j,1}^-}{S_{j,1}^-} + \frac{R_{k,1}^-}{S_{k,1}^-}$，$R_S = \frac{R_{i,Ni-1}^+}{S_{i,Ni-1}^+} + \frac{R_{j,1}^-}{S_{j,1}^-} + \frac{R_{k,1}^-}{S_{k,1}^-}$

写成一般的形式为

$$H_P = \sum \frac{R_{i,j}}{S_{i,j}} / \sum \frac{1}{S_{i,j}} \tag{7-17}$$

式中 i——管子号码，可以不连贯；

j——节点号码：稳态时流入结点者 $j=N_i-1$，R 和 S 按正向特征方程计算，流出结点者，$j=1$，R 和 S 按负向特征方程计算。

将 H_P 回入各支线的方程，可求得各支线的流量。

② 有定流量的分支结点

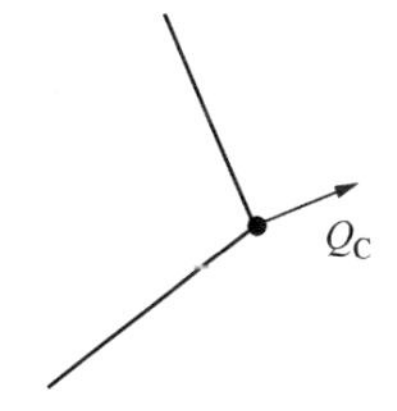

图 7-9 有定流量的分支结点

图 7-9 表示有定流量(Q_C)的分支结点，定流量以人工或自动控制力法实现。不难看出，按结点流量平衡原理，有下列关系；

$$R_S - S_S H_P + SQ_C = 0$$

由此解出

$$H_P = \frac{R_S + SQ_C}{S_S}$$

写成一般的形式为

$$H_P = \frac{\sum \frac{R_{i,j}}{S_{i,j}} + SQ_C}{\sum \frac{1}{S_{i,j}}} \tag{7-18}$$

式中 S——定量液流流入结点为 1，流出为-1。

③ 定压分支结点

图 7-10 表示定压分支结点。由于 $H_P = Z$，为已知，可直接解出各支管的流量，而进入

或流出容器的流量则为进出结点流赶的代数和，即

$$Q_{\mathrm{P}} = \sum (- S_i Q_{Pi,\ j}) \tag{7-19}$$

式中 S_i——稳态时流入结点者为1，流出结点者为-1；

j——稳态时流入结点者$j=N_i$，流出结点者$j=0$；

Q_{P}——正时容器流出液体，为负时流入液体。

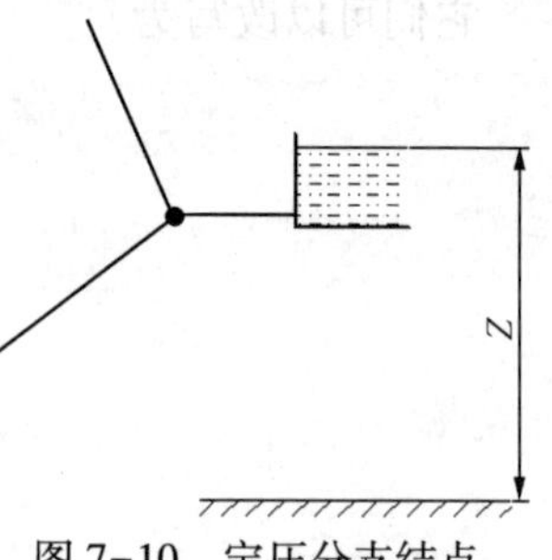

图7-10　定压分支结点

(2)“特殊”型分支结点

这种型式的结点主要是在结点处有宏观的能量增减，例如有泵或阀调节(图7-11)，其计算比较复杂。一般说来，这种结点在管网中数量很少，可以逐个处理。

如果管段i的终端有定速运行的泵，则可写出两个方程：

特征方程：

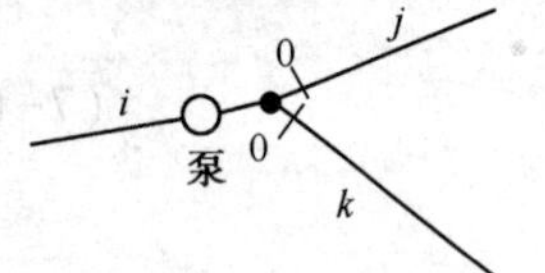

图7-11　有泵或阀调节的分支节点

$$H_{\mathrm{P}i,\ Ni} = R_{i,\ Ni-1}^{+} - S_{i,\ Ni-1}^{+} Q_{\mathrm{P}i,\ Ni}$$

泵压头方程：

$$H_{\mathrm{P}} - H_{\mathrm{P}i,\ Ni} = A - BQ_{\mathrm{P}i,\ Ni}^2$$

联解这两个方程消去$H_{\mathrm{P}i,\ Ni}$，整理后可得

$$BQ_{\mathrm{P}i,\ Ni}^2 + S_{i,\ Ni-1}^{+} Q_{\mathrm{P}i,\ Ni} + H_{\mathrm{P}} - R_{i,\ Ni-1}^{+} - A = 0$$

由此可得

$$Q_{\mathrm{P}i,\ Ni} = \frac{1}{B}\left[-\frac{S_{i,\ Ni-1}^{+}}{2} + \sqrt{\left(\frac{S_{i,\ Ni-1}^{+}}{2}\right)^2 + B(A + R_{i,\ Ni-1}^{+} - H_{\mathrm{P}})} \right] \tag{7-20}$$

如果管段3的终端有动作的阀，则只要把式(6-51)中的定压头H_{C}用瞬变压头H_{P}取代即可。

$$Q_{\mathrm{P}i,\ Ni} = \frac{1}{K}\left[-\frac{S_{i,\ Ni-1}^{+}}{2} + \sqrt{\left(\frac{S_{i,\ Ni-1}^{+}}{2}\right)^2 + K(R_{i,\ Ni-1}^{+} - H_{\mathrm{P}})} \right] \tag{7-21}$$

按照结点流量平衡原理，式(7-20)、式(7-21)与式(7-22)和式(7-23)可构成下述方程：

$$F(H_P) = 0 \tag{7-22}$$

此式用牛顿迭代法求解。

7.3.3　计算程序

管网中的管段很多，其水力瞬变计算以采用这里提出的管段非统一时步法为好。

(1) 数据的输入和处理

① 结点数据

标准一型结点可按下述方法输入有关的数据：

内容	用专门的数组变量输入		用索引数组变量输入			
	结点号	结点压头	结点类型	管子数量	管子号码	进出管网流量
说明			1普通的 2有定流量的 3定压的	需要差分的管段数量	管号前加正负号： 流入节点为正； 流出为负	无； 流入结点为正； 流出为负

例如，图 7-12 所示管网各结点的数据为

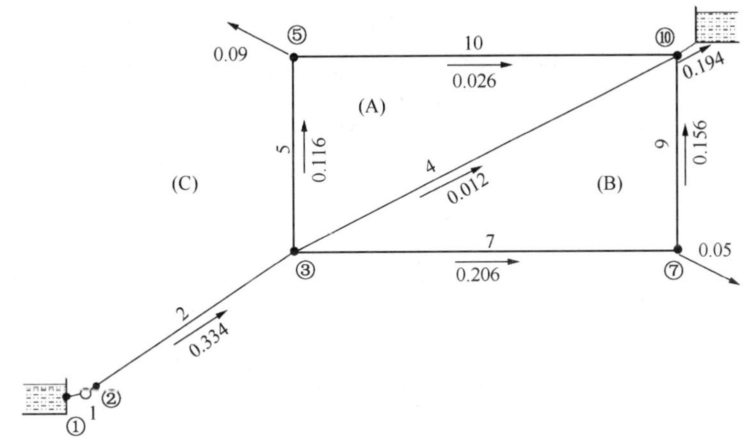

图 7-12　图 7-4 所示管网稳定工况解算值

非索引部分		索引部分			
结点号	结点压头	类型	管数	管号	流量
3	132.5	1	4	2，-5 -4，-7	（空缺）
7	128.8	2	2	7，-9	-0.05
5	126.4	2	2	5，-10	-0.09
10	125.4	3	3	10，4，9	-0.194

图 7-13 为“标准”分支结点的数据输入流程。*NJ* 为结点数日。每个结点的头两个数据由一维数组变量 *IJOINT* 和 *HJ* 读进，其余的则读入索引数组变量 *JND* 中，读入后接着把结点压头值赋给有关管子的端点，供以后计算各管子的摩阻系数及其内节点的压头之用。由于第三类结点的压头是恒定的，没有输出的必要，有输出价值的是进出容器的流量，所以在把结点压头赋给管子的端点之后，又把它转交给 *IND* 索引变量，然后用读入结点压头的变量读入进出容器的流量。这就是说，数组变量 *HJ* 有两种含义，对第一类、第二类结点为结点压头，对第三类结点则为进出容器的流量。这样处理为输出分析者认为有意义的参数提供了便利条件。

“特殊”型分支结点很少，其数据输入方法不难，分析者可以自己酌定。

② 其他数据

管段数据包括管段号码、管径、长度、流态指数、波速、分段数和稳态流量等。

管网的节点很多，不一定要输出每个结点的计算参数。为此可设置一个一维数组，读进需要输出其参数的结点的号码。

(2) 结点参数的计算

如前所述，各结点(即边界)的计算必须先于各管段内节点的计算(内节点的计算方法如以前所述)。图 7-14 为“标准”结点的计算流程，左半部主要计算 R_A、S_A、R_B、S_B、S_S和结

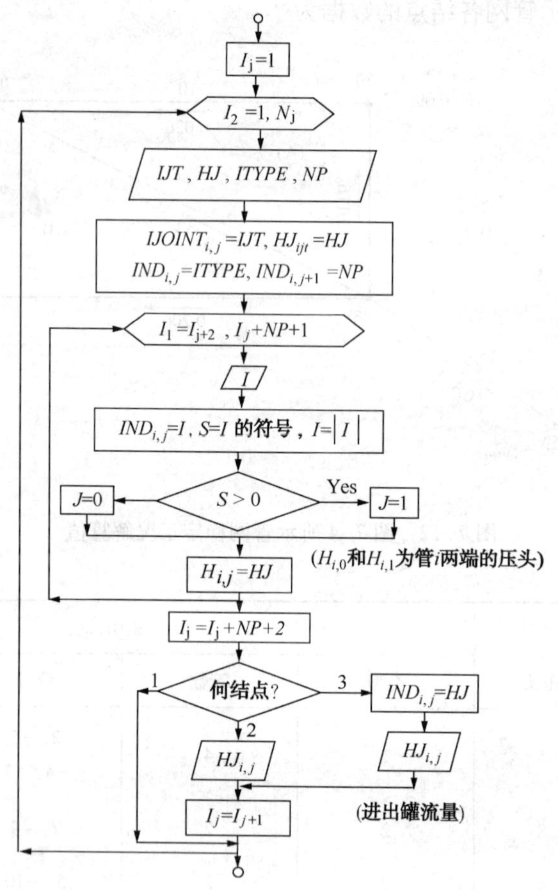

图 7-13 “标准”分支结点的数据输入流程

点压头 H_P，图中 R_A 和 S_A（或 R_B 和 S_B）分别用一维数组 C_{ik} 和 C_{ik+1}。表示，它们在后面计算各管段的流量时还要用到，右半部主要是计算各管段的瞬时流量（Q_{P_i,N_i}），变量 N_i 为管段 I 的分段数，对于第三类结点，还用一维数组 HJ 计算进出容器的瞬时流量[式(7-19)]。

(3) 示例程序

为简明起见，以图 7-12 所示的管网，在结点 5 瞬时地截断流出管网的液流（流量为 0.09m^3/s）造成水力瞬变，来表明管网水力瞬变计算程序的特点。假定在水力瞬变过程中，从结点 7 流出管网的流量依然不变。

水力瞬变由在置数据时取结点 5 流出管网的流量为零来实现。如前所述，管网水力瞬变计算的特殊性主要在结点部分，而结点有“标准”型和“特殊”型之别，前者具有共性，后者则属个性。为了使程序可以推广应用，在程序中把结点的数据输入和处理及其参数的计算，分为标准和特殊两个部分，前者是通用的，毋需变动，后者则依具体情况编写。本例中的“特殊”结点是定速运行泵的排出口，它是普通的反射边界。结点 10 的数据与其他结点的数据在数值上很悬殊，可辨识它是进入容器的流量。图 7-15 为各结点的参数随时间变化的情况。

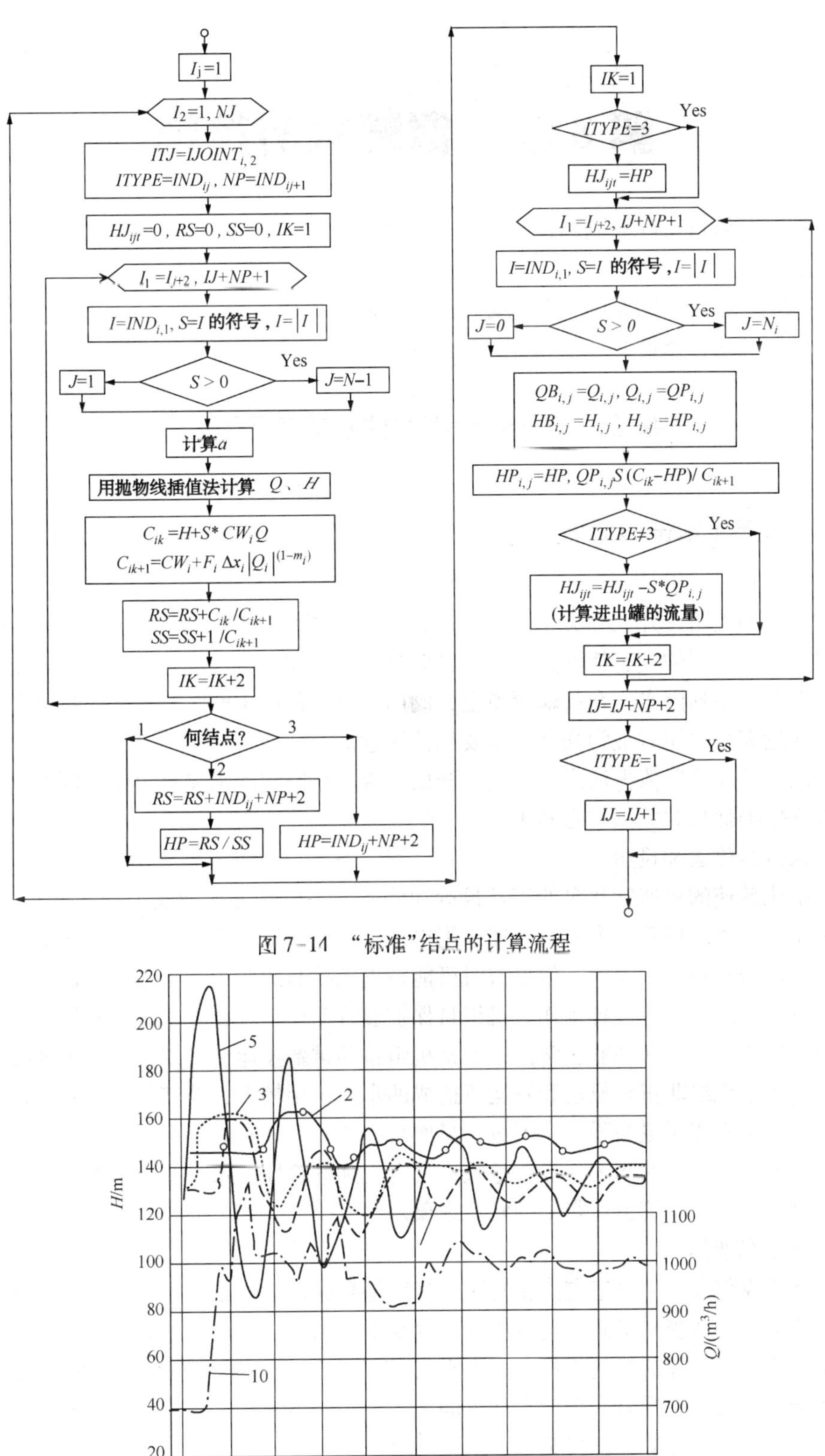

图 7-14　“标准”结点的计算流程

图 7-15　图 7-12 所示管网各结点的参数随时间变化的情况

第 8 章　管道水击控制

水击控制是管道工况控制的核心内容，其目的是在保障管道运行安全的条件下最大限度地提高其经济性。

本章综述产生水击的原因及其危害，列举控制的各种手段，描述长输管道的控制方法，阐明几种控制的边界条件。

8.1　产生水击的原因及其危害

8.1.1　产生水击的原因

（1）阀动作

阀的开启和关闭，开大和关小，都会造成水击，导致管道的不稳定流动过程。惯性水击压力的强弱取决于阀的动态特性，此特性又取决于阀的固有特性和驱动特性，以及管道系统的水力特性等一系列因素。在长输管道上，阀门关闭的最后10%～30%行程时水击作用才比较明显，接近完全关闭时最为强烈，需要加倍注意。

止回阀的动作情况值得注意。若液体开始回流时止回阀尚来完全关闭，则在它砰地关闭之际可以产生类似瞬时关阀的强烈水击。

（2）泵机组停运和投运

低、中比转速的定速叶片泵的正常投运和停运，一般是先接通动力后逐渐打开排出阀，先逐渐关闭排出阀后切断动力；可变速泵则以逐渐增速和降速来控制投运和停运的过程。这样操作时的水击作用是不大的。但是有时可能发生无控制的非正常投运和停运，例如泵机组发生动力故障、压力保护装置动作、机组自保护装置动作、现场发生了非常情况而紧急切断动力、以及误操作等；又如非正常停运的泵机组自动重新投运、备用泵机组顶替故障泵机组自动投运等。泵机组非正常投运和停运所造成的水击作用较大，尤其是整站的非正常投运和停运所造成的水击作用更为强烈。不过，只要泵在流量为零时的压头不过分地高于其工作压头，则非正常投运产生的水击一般不危险；具有实际危险性的水击是非正常停运。

由此可见，水击是管道运行中的常见现象。

（3）管道充液排气

在向空的或部分空的管道充液排气时，特别是泵送管道的充液排气，液流可以达到很高的速度。若液流突然受到阻碍，会造成严重的水击。例如，管道终端的阀开度很小，或者终端的阀关闭而由小口径的排气阀排气，则空气易于排出，充装液流仍可达到相当高的速度；在到达终端时液流突然受阻，会产生严重的水击。

（4）不同油品的分界面经过泵

不同油品沿一条管道顺序输送时，混油段的密度会发生变化，尤以初期更为显著。混油进入泵时造成泵压的相应变化，形成水击。水击强度以在混油界面进入首站时最大，以后则随混油密度变化的减弱而减轻。

8.1.2　水击的危害

水击的危害应从整个管道系统来考察，不应只看发生水击的地点。惯性水击压力以波速沿管线传播，使沿线的压力迅速上升或下降，但在传播过程中会发生衰减，衰减的具体情况随管线不同而异，长 50~60km 的管线大致上衰减 2/3~3/4。水击波峰经过之后发生线路充装(正的或负的)，使沿线压力继续上升或下降。短管道的变化很快，长管道则比较缓慢。水击波达到“边界”时发生反射，反射波或为正，或为负，造成沿线压力的进一步变化。

水击的危害如下所述：

(1) 压力过高

这是最一般的、人们最关心的危害，是管子破裂、设备损坏以及随之发生其他事故的主要原因，因而是水击控制中最普通和最重要的课题。

(2) 压力过低

管道正常输送的水力条件是各截面上的压力都必须高于液体的饱和蒸汽压，阻止溶解于液体中的气体析出和液体汽化，以防形成汽穴流和液柱分离。若发生汽穴和液柱分离，它们在破灭和重新结合时就会发生水击。此外，承受负压能力很低的管道，例如大口径的埋设管道，负压与外部压力相结合可能把管子压扁。

(3) 振动

管道内压力的变化必然会相应地造成管道设备的振动。控制方案不妥及质量低劣的控制装置都会加剧这种振动。若水力瞬变的频率与管道系统某个设备的固有频率相近甚至一致，还会造成共振。

除此之外，水击导致的不稳定工况可能会持续较长的时间，在这个时间内难以用一般的、仅适用于稳定工况的方法判断管线是否泄漏。

8.2　控制水击的基本方法

由下式

$$\Delta H = \frac{a}{g}\Delta V$$

可知，控制惯性水击压力可从控制水击波传播速度和液流变化量着手。

8.2.1　降低水击波传播速度

从波速的传播公式可找到降低波速的办法。该式为：

$$a = \frac{1}{\sqrt{\rho\left(\frac{1}{K} + \frac{D}{E\delta}\psi\right)}}$$

(1) 向液流中掺空气

例如，在管线上内压低于大气压力的高点设置进气阀，使少量空气进入管内，以降低液体的体积模量。但“从泵到泵”密闭输送的管道，夹带着空气的液体进入泵就会造成泵机组运行不稳定和泵压降低。因此，如果液流中总是夹带着空气，应在进泵前把空气分离出来。

(2) 使用柔性管

柔性管的弹性模量低，波速可显著减小。但由于柔性管的强度不高，这种方法一般只适用于低压管道系统。

8.2.2 控制液流的变化

这种方法以控制水力部件(如阀和泵)工况变化的强度、从管内泄放液体或向管内注入液体等方法，来控制管内液流的变化，以控制其压力。在水击控制中，这种方法应用最广泛，措施多种多样。

必须明确，控制液流应着眼于两个方面：一是控制其变化值；二是控制其变化速率。就水击控制而论，后者比前者更为重要。

下面列举各种控制措施，它们或者控制液流量的变化大小，或者控制液流量的变化速率，或者二者兼备。对于一条特定的管道究竟应当采用哪些措施，必须从管道运行工艺的要求来确定；各种措施的搭配，必须从整个系统的反应来考察。

(1) 控制阀的动作

众所周知，控制阀的开关速度可以控制水击的强弱。需要特别注意的是，在许多管道，尤其是在长输管道上，关阀的危险水击作用实际上发生在其最后 10%~30%、尤其是 2%~5%的行程中，这一段行程才是需要控制的。为了达到有效而合理的控制，可以应用第 6 章所述的方法，根据阀的固有特性和系统的特性，以不同的关阀速度进行分析计算，从中找出较佳的方案。

关阀方案确定之后，问题是如何实现这一方案。阀的驱动方法有手动和动力驱动两种，后者可以是电动、气动、液动，或者是其中二者或三者的结合。

比较简单的方法是按阀设置点的压力来控制阀的动作。因为此压力与沿线的压力有关联，故控制此点的压力可以控制线路上的最大压力；对于简单的短管道，关阀时阀处的最大压力多半就是全线的最大压力。这种控制方法对手动或自动都适用。如果用手工关阀，可在阀处设置一块压力表，按其读数实施操作。如果用自动关阀，则在阀处设置压力传感器，给驱动装置提供信号。

(2) 增加飞轮力矩

增加泵机组转动体的惯性可以降低非正常停运的水击增压速率。不过，增加飞轮力矩使机组的起动力矩增加，而且，在现有设备上加装飞轮也不太实际，故这种措施的应用受到很大的限制。

(3) 设置气压罐

气压罐是一个蓄能器，设置在压力监控点上，其上部充压缩气体(惰性气体或空气)，下部与管道相联，进出液体。气体与液体或者直接接触，或者用隔膜分隔开，在前一种情况下必须有自动补充气体的措施。

气压罐的作用因设置情况不同而异。旁接在泵站进站管线上的气压罐，当泵停运时进入液体，压缩其内的液体，使气压逐渐提高，从而控制泵站进站口的增压速率。旁接在泵站出站管线上的气压罐，当泵停运时流出液体，缓解排出压力的降低，防止液柱分离。活塞泵的排出口(有时还有进入口)常设置气压罐，借以减小液流在管线中的惯性损失并减轻振动。

气压罐结构简单、反应灵敏、不用外能源、工作可靠。但它是一个压力容器，实现其功能需要相应的容量，这就限制了它只适合于在口径较小、长度较短的管道上使用。

（4）设置控制阀

① 安全阀　安全阀(图 8-1)的阀瓣由弹簧或重块加载，当管内压力超过整定值时立即开启泄放液体，使液压保持在整定值以下。安全阀的工作状况为全开、全关。

实际上，由于弹簧效应，即在弹性限度内，弹簧的行程与压缩力成正比，因而阀的开度与液压的大小成正比，安全阀控制压力是不太准确的，将随泄放量的增大而提高。

② 泄压阀　泄压阀的工作情况与安全阀相似，不同之处是其开度与管线内的压力成正比。

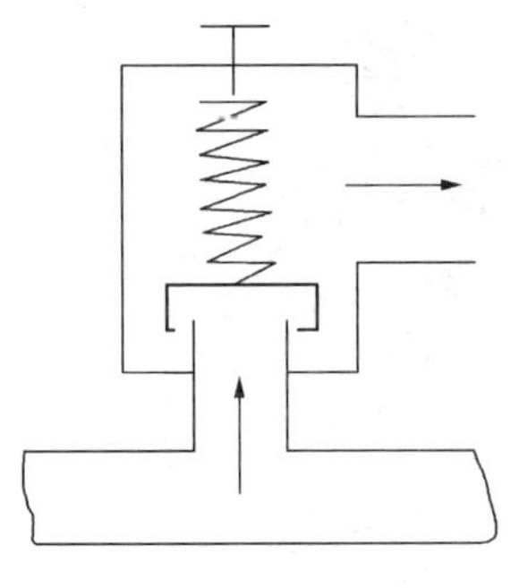

图 8-1　安全阀

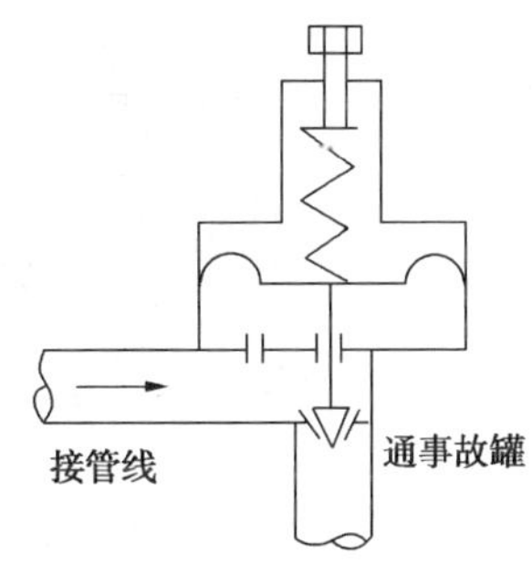

图 8-2　直接作用式泄压阀

泄压阀有直接作用式和导阀控制式两种。图 8-2 表示直接作用式泄压阀，当液压超过弹簧限定的压力时，阀瓣即开启泄压。图 8-3 表示导阀控制式泄压阀，导阀在正常情况下把通向事故罐的出口关闭，这时主阀内隔膜上下的液压相等，其阀瓣借弹簧压力也将通向事故罐的通道关死。当液压超过导阀的整定值时，其阀瓣即开放通向事故罐的通道泄放液体，使主阀隔膜上下出现很大的压差，其阀瓣立即开启泄放液体。由于采用精度较高的导阀控制主阀的开启，泄压阀控制压力的偏差一般不超过 10%，导阀实际上起压力检测和放大的作用。

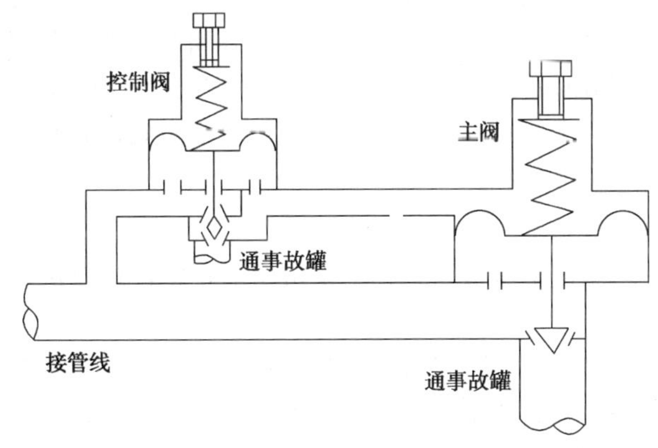

图 8-3　导阀控制式泄压阀

③ 调节阀　调节液流可以控制压力，并可产生减压波和增压波，对水击作出相应的反应。调节液流一般采用调节阀、球阀和蝶阀，而以前者最普遍。调节阀有单座和双座两种(图 8-4)。单座阀的结构最简单，但由于阀瓣受力不平衡和水力阻力很大，阀本身和传动机构的尺寸随阀径的增大而大大增加，同等阀径的通过能力比双座阀大约低 1/3。双座阀的优点是：阀杆上所受的轴向力不大，可以应用小功率的传动装置；通过能力高；调节品质好。阀的传动有气动、电动和液动三种。传动信号由调节器提供，它将传感器检测的压力信号与给定值进行比较，有偏差时给出调节指令。给定值可以调整。小口径的调节阀可将上述各种功能组合在一个装置内，成为直接作用式调节阀。

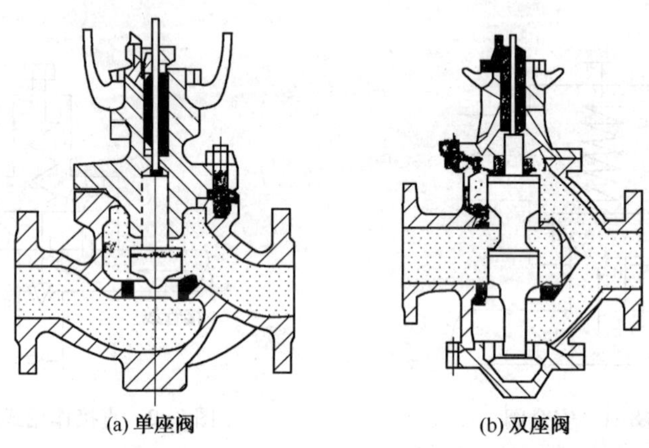

图 8-4　调节阀

④ 进气阀　在管线内液压可能降低到大气压力之下的高点，可设置进气阀，使空气在这种情况下进入管内，以防止管子被外压压扁，并可在发生液柱分离时提供一个空气缓冲垫，减轻液柱再结合时的水击压力。当该点液压增高时，空气既可从进气阀排出，又能阻止液体外流。为了防止发生严重水击，排气速度应当减缓。

⑤ 止回阀　止回阀通常设置在泵的排出口和上坡线路的底部，以防止在泵停运时液体回流。在长输管道的泵站上，止回阀设置于泵机组的进入和排出汇管之间，使液流在泵机组非正常停运时可以越站，这也有利于防止下游压力过低和发生液柱分离。

如前所述，若液体回流时止回阀尚未关死，则在它砰地关闭之际也可产生强烈的水击。为了防止发生这种情况，许多新型的止回阀用节流装置或导阀控制其关闭速率，使它先快速关小，而在发生回流后才慢慢关死。

(5) 设置增压速率调节系统

现代管道已在采用增压速率调节系统，把泵机组非正常停运时进口的增压速率控制在很低的水平上。

美国格洛夫(Grove)阀门和调节器公司的增压速率调节系统得到广泛的应用，它基本上是泄压阀和蓄能器的组合，图 8-5 表示其组成系统和原理。泄压阀为“Flexflo”橡胶套式泄压阀 5，阀芯 7 的侧壁上开有许多长方形槽孔，橡胶套 4 套在阀芯上盖住槽孔，把阀内部分隔为进入腔 8、橡胶套外腔 9 和排出腔 6 三部分，蓄能器 3 用隔膜分隔成两部分，上部充压缩气体，气压略高于泵站的进站压力，下部连接进站管线 1。泵机组非正常停运时，蓄能器内的气压将自动地不断提高，其过程是：机组停运的强烈水击使进站压力立即超过蓄能器的气压、橡胶套的张力和排出腔的背压(如果有背压的话)，此增压立即传到阀的进入腔；但蓄能器内的增压由于节流阀的节流和气体的缓冲而被延时，于是在橡胶套的内外形成压差，将橡胶套鼓起打开槽孔，泄放出液体，把进站压力保持在最初整定值上；但蓄能器随后的增压消除掉上述压差，橡胶套借自身的强力收缩，产生关阀效应，使进站压力提高，此增压延时传到蓄能器，橡胶套继续收缩，进站压力继续提高；……此过程连续地进行下去，阀越关越小，进站压力越来越高，该处液压的变化也渐趋平缓；在液压变化速率低于整定值时阀即关闭。增压速率用节流阀 2 调整，范围大大致为 0.014～0.042MPa/s。

此系统突出的优点是采用了直接作用的调节器，以保证系统动作及时(泄放反应时间 200ms)，且十分可靠(没有中间环节，不依赖别的能源)。

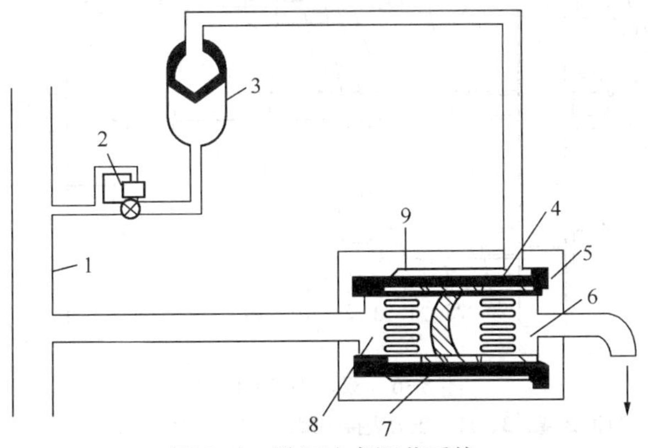

图 8-5　增压速率调节系统

1—进站管线；2—节流阀；3—蓄能器；4—橡胶套；5—泄压阀；6—排出腔；7—阀芯；8—进入腔；9—外腔

图 8-6 所示为我国研制的一种结构紧凑、质量轻便，应用容易的 100A81X-16 型双功泄压阀(简称双功阀)。其功能，一是控制水击增压速率，控制范围平均 0.01～0.05MPa/s；二是控制增压幅值，控制范围 0.8～1.6MPa。这一装置很适合于在中小型液体管道中应用，以防止水击型和非水击型超压。

双功泄压阀(图 8-6)由主体和控制器两部分组成，二者用过渡接头连接在一起。

阀主体由外壳，泄放部件和充气蓄能系统三个部分担减。进口法兰 1、阀筒体 8、出口法兰 15 三者用螺杆 16 连接在一起，构成阀的外壳，支持在两个支架 17 上。阀芯 18 和 26、定心密封环 23、莲接螺杆 24，橡胶套 19、橡胶套限位导油筒 22 等组成泄放部件。阀芯左右两半相同，其壁上有很多轴向槽孔，进、出口之间被阀芯与紧套在其上的橡胶套隔开，形成进入腔室和排出腔室。气门嘴 12、蓄气囊 10 等为充气蓄能系统。零件之间的密封面用 O 形密封圈和垫片密封。

过渡接头 4 将控制器 5 连接在阀筒体上，其内有进液通道、回流通道和回流阀瓣，两个通道成并联关系。

控制器(图 8-7)由最大压力控制器(简称压力控制器)和增压速率控制器(简称增速控制器)组成，二者为串联关系。半球阀瓣 2、阀瓣座 3、阀瓣杆 4、随动活塞 5、弹簧 6、弹簧座及最大压力值指示器 7、最大压力调节轴 8 等构成压力控制器；增压速率调节芯 11 等构成增速控制器。

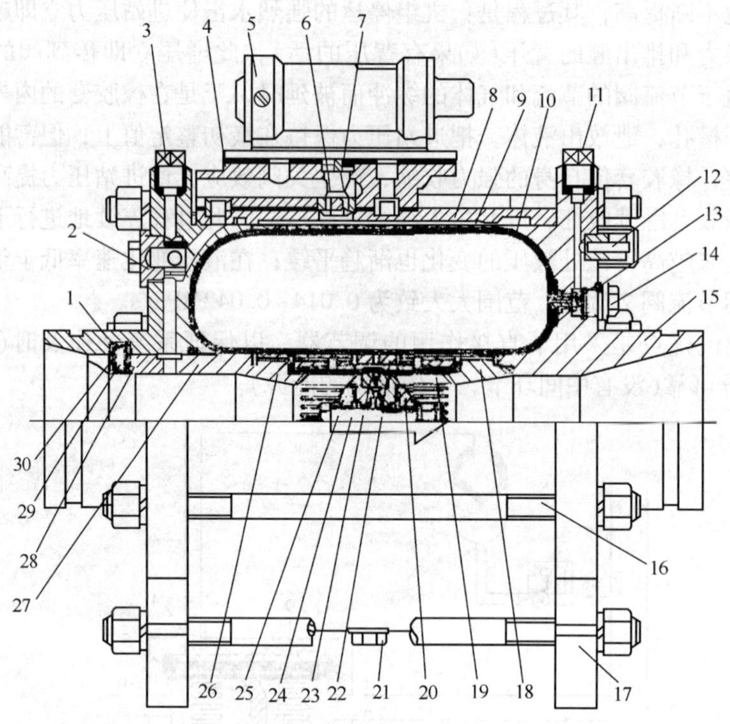

图 8-6　双功泄压阀总图

1—进口法兰；2—过滤螺塞；3、11—压力表接头螺塞；4—过度接头；5—控制器；6—回流阀瓣；7—回流阀瓣行程限；8—筒体；9—导油筒；10—蓄气囊；12—气门嘴；13—蓄气囊气嘴紧定螺母；14—螺塞；15—出口法兰；16—螺杆；17—支架；18、26—阀芯；19—橡胶套；20、25—连接垫块；21—放油螺塞；22—橡胶套限位导油筒；23—定心密封环；24—螺杆；27—阀芯定位套；28—卡块；29—螺钉；30—压块

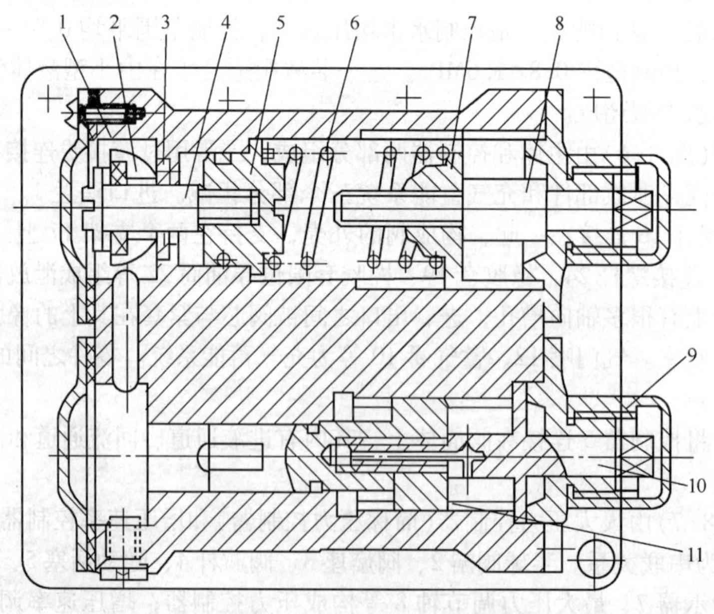

图 8-7　双功泄压阀控制器

双功阀控制水击增压速率的工作原理与前述增压速率调节系统相同。

控制增压幅值的原理是：当阀进口压力上升到整定的最大值时，压力控制器的半球阀瓣关闭，切断筒体的进油通道，其内液压不再跟踪进入阀芯处的液压，阀将泄放不止，从而保证监控点的压力不超过整定值。回流阀瓣使筒体内的液体能在阀进口降压时畅快地回流，保证阀总是处于控制增压速率和增压幅值的初始状态。

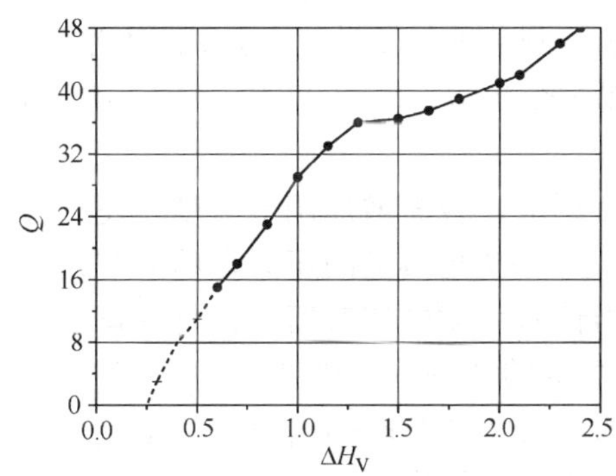

图 8-8　双功泄压阀特性

阀的流量 Q 与压降 ΔH_V 的关系如图 8-8 所示。阀全开对时在 0.1MPa 压降下通过清水的能力为 $30m^3/h$。

8.3　长输管道的动态控制

长距离输油管道是一个庞大而复杂的系统，对国民经济有着重要的作用，其安全可靠性和经济合理性至关重要。因此，运用各种先进而可靠的手段以实现优良的控制，是管道设计和管理中的重要任务。

现代长输管道采用“从泵到泵”密闭输送方式，全线构成一个统一的水力系统，可谓牵一发而动全局，故其动态控制尤其要从整个系统的工艺要求和反应来考虑。控制的主要课题是处理终端误关阀和中间泵站非正常停运两种意外情况。一般说来，前者易于处理，只要设置安全阀或泄压阀即可；而后者则比较复杂，因为要求其控制既能保证安全，又能最大限度地发挥管道的输油能力，还能比较平稳她实现从一种工况向另一种工况的转变。以下专门研究中间泵站的水击控制问题。

当某一中间泵站的泵机组部分或全部停运时，此站应控制液流的变化速率；上站应及时降压向下游发送减压拦截波，以确保本站及下游管线的安全；下站也应及时降压以提高进站压力，防止泵机组发生汽蚀和上游管线压力过低。当然，上站和下站的动作又将引起邻站的反应，而各站又互相影响，从而构成一种复杂的调节过程，最终应能把全线转变为另一种(输量较低的)工作状态。

8.3.1　调节阀自动调节

(1) 作用

为了保证管道的正常运行，必须对泵站的进站压力和出站压力进行控制，使进站压力不低于、出站压力不高于允许的工作压力。这两种控制都可以用同一个调节方法达到。必须明确的是：输油管道的最优工况是在服从工艺(强度的、水力的)和供电约束的条件下，最大限度地发挥输油能力，用调节阀进行调节只是为了防止进站压力过低和出站压力过高，是起保护作用，而并非一定要把某个参数调节到某一给定值上。因此应精心调度，力争调节系统在正常输油过程中处于"非调"状态，以避免不必要的压力损失。

当相邻泵站和终端的水击达到某种程度时，也会引起本站的调节。在这种情况下，自动调节成为对水击作出反应的第一个步骤，故调节阀的关闭应有必要的速率。

(2) 方法

一般在泵站的出站口进行调节，若需增加调节深度，还可在进站口实施辅助的调节。图 8-9 是典型的压力自动调节原理图。进站压力和出站压力信号传输到调节器内，与各自的给定值进行比较。若都在给定的范围内，则调节阀全开；若其中之一出限，则调节器给出关小调节阀的指令，关至该压力达到给定值为止。必要时也把流量作为被调参数，以限制输量。但应当明确，控制流量是不能控制水击的，因为当液流受到阻碍时，将使调节阀不是关小而是开大，与抑制水击增压的要求背道而驰。且由于长输管道一般毋需限定输量，故流量控制很少应用。

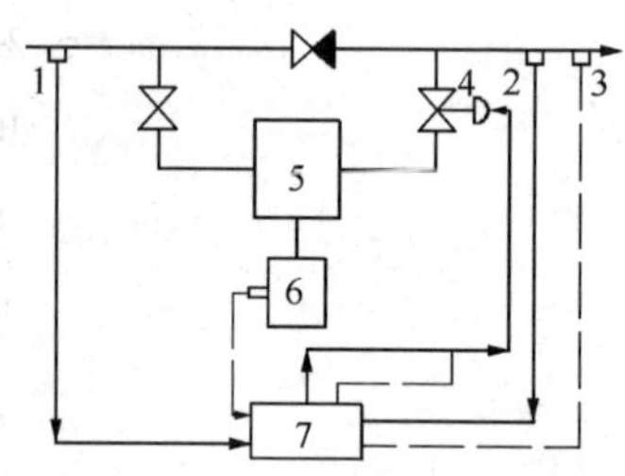

图 8-9　压力自动调节系统

回流调节也是一种连续性的压力调节手段，但在长输管道上很少采用。因为，一是在调节时泵机组的功率增加，二是阀的工作条件十分苛刻：不调节时必须关闭得严严实实，调节时又必须经受住巨大的压力降。但回流的压差很大，能使进站压力和出站压力发生急剧的变化，故可作为一种保护性措施。

(3) 减轻压力超限的措施

当检测点的压力超过整定值而发生调节时，若调节的变压速率低于该点液流压力的变化速率，则该点的压力会超限(overshoot)。这是不利的，但现在难以避免。减轻超限的办法，一是减小水击强度，二是增大调节的变压速率。大型输油管道的中间泵站非正常停运时，第一秒的水击增压可达 1MPa 左右，传到上站时将衰减为 0.2~0.3MPa/s。美国有的管道已经可以对这样的增压速率控制仅超限 0.035~0.07MPa，前苏联管道在下站一台泵机组非正常停运时，本站压力的超限值一般为 0.1~0.15MPa。

在第 6 章中已经说明，阀在长管线上的动态特性具有"快开"的性质，故从全开位置开始调节时，前一段行程的作用很小，这对压力控制十分不利。

减轻压力超限的措施有：

① 用阀径比管径小得多的调节阀。这相当于把一个阀径与管径相同的阀预先关到相当程度而处于快速反应区，但这会增加正常输油时的压能损失。现代管道把在最大输量下调节阀全开时的压降限制为 0.02~0.04MPa，从而排斥了这种初级的方法。

② 把小口径调节阀与大口径快关阀并联使用，"非调"时大阀全开，调节时大阀快速关闭，用调节阀进行调节。

③ 将调节阀的"非调"位置置于 60%~70%的开度上。这是以少量增加正常输送时压能损失的方法来换取较好的控制效果。

④ 采用两速调节阀。调节时前一段关闭很快，迅速进入动态特性的快速反应区，后一

段关闭缓慢。

⑤ 采用快关慢开调节系统。美国有一种全液力浮动作用调节系统，阀的关闭(但不关死)时间为 3s，打开时间为 5min，这样动作既可大大减轻压力超限，又可有效地防止调节振荡。前面提到的把 0.2~0.3MPa/s 的增压速率限制为仅超限 0.035~0.07MPa 就是采用连个系统。

8.3.2 泵机组自动停运

调节阀是阻止出站压力危险地增高、进站压力危险地降低的第一个手段。若调节阀的调节不能奏效，则采取停运运行机组以减少压能供应的梯级调节手段来进行保护。在每个泵站上通常有几台泵机组串联运行，采用依次停运的步骤，先停运一台机组，若未能奏效，再停运另一台机组或其余机组。在后一种情况下，先停运一台机组叫做临界保护，停运其余全部机组叫做危急保护，两套保护完全独立，后者可作为前者的后备。一般按泵送方向顺序停机，以减轻重新启动泵机组对泵壳承受的液压。

中间泵站应有以下 4 种保护(图 8-10)：

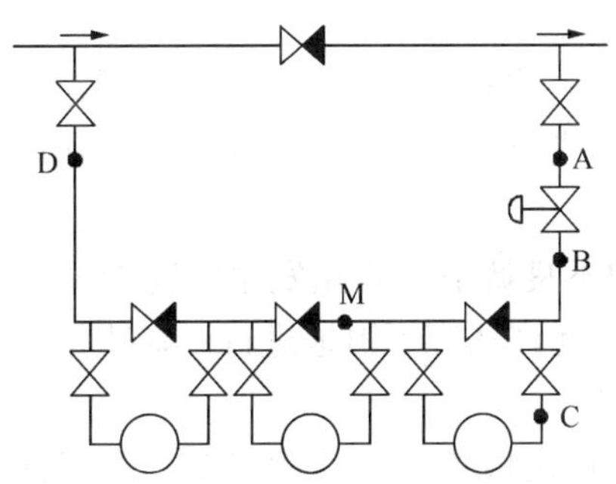

图 8-10 中间泵站自动保护检测点

(1) 线压保护。在调节阀的下游(A 点)检测压力。当调节阀的节流作用不够或出现自身故障，出站压力达到保护装置的整定值时，停运机组。保护的这种性质决定了它不可与调节系统共用检测仪表。

(2)站压保护。在调节阀的上游(B 点)检测压力，当调节阀关得很小或因故障而关闭时，本站发出的压力与进站压力迭加可以产生危及站内工艺管线的超压。

(3) 壳压保护。在最后一台泵机组的泵壳与排出阀之间(C 点)检测压力，当前面两台泵机组正在运行，而第三台泵机组关着排出阀启动时，该点的压力可能超过允许值。壳压保护的整定值一般与站压保护相同，但必须单独设置，因为所述的超压不能用站压保护的仪表检测到。具体做法可以有两种：一是停运机组，这时它成为站压保护的备用措施；二是启动禁止，使泵壳内压力达到整定值时泵机组启动不了。

(4) 汽蚀保护。在进站口(D 点)检测压力，当进站压力降低到泵会发生汽蚀时起作用。在输油管道上，这种保护一般是可以延时动作的，因为在正常输油过程中，本站启动机组和上站停运机组之类的操作也会使进站压力突然降低到整定值之下，但很快就会回升，而泵送油品的汽蚀危害要经历一个过程，不像超压那样可能顷刻导致重大事故，若对这种短暂的低压也实行停机保护，则会因小失大。延迟的时间应超过一台泵机组启动时进站压力下降的时间。

除以上 4 种基本保护外，若站内工艺管线和设备的强度不同，还必须在其间的某处(如 M 点)实施超压保护。

管道终端没有压能输入，超压保护可采用泄放的办法。终端常有低压设备，故应设置高压和低压两种安全阀。

8.3.3 泵机组自动调速

在泵机组转速可调的情况下，上述自动调节和自动停运两种功能都可以用泵机组自动调速的方法来实现。为了使机组的运行既能保证安全，又可提供所需的泵压，应当设置4个控制参数：

$P_{进最小}$——最小允许进压；

$P_{进所需}$——运行所需进压；

$P_{排所需}$——运行所需排压；

$P_{排最大}$——最大允许排压。

若实际的进压和排压为$P_{进}$和$P_{排}$，则控制方法如下所述：

① 当$P_{进} \geqslant P_{进所需}$并且$P_{排} < P_{排所需}$时，泵机组缓慢升速，以提供所需的泵压。

② 当$P_{进} \leqslant P_{最小}$或者$P_{排} \geqslant P_{排最大}$时，泵机能快速降速，以保证安全。

③ 在其余情况下，泵机组转速不变，稳定地进行泵送。

这种控制具有以下的特点：

① 可自动增速和降速。当进压大于运行必需的压力且排压小于运行所需的排压时，机组自动增速，以提供所要求的泵送压力，当进压低于允许的最低值或排压超过允许的最高值时，机组自动降速，以防止泵发生汽蚀或线路发生超压。

这两个功能相互配合。又可自动地把管道系统置于唯一的输油工况上。因为在管道系统中，必定存在一个或几个两端压力都受到限定的站段，构成全线的基准水力坡降线，从而确定管道的工作状态。

② 转速慢升快降。这可以避免转速升降变化频繁的不良调节，防止发生危险的调节振荡。从控制的性质讲，这也是合理的：升速是泵送控制，允许从容不迫地进行；降速是安全控制，必须刻不容缓地实施。

③ 对进入压力和排出压力只实行限值控制，而不实行定值控制。其优点是：在正常输油过程中机组转速一般是不变的，因而输油工况具有最大的稳定性。

④ 可以在一个中间泵站停运时自动转入越站输送。这时，越站输送站段必定是全系统的限制段，它确定各站的最终工况。

⑤ 结构简单，耗费不多，容易保证工作的可靠性。

8.3.4 提前发送减压拦截波

即当泵机组非正常停运时，由全线集中自动控制系统经通信线路向上站传输一个信息，使之进行节流、停运泵机组或降速，向下游发送减压波，拦截逆流而上的增压波，防止管道中途某些线段出现超压。这种方法依赖于可靠的通信传输。

8.3.5 控制增压速率

在泵机组非正常停运时，前述4种方法都是在停运站的相邻站对此水击做出反应。从控制的性质上讲，这是被动的。实践和理论分析表明，对水击只是被动控制还不够，还应在停运站主动地控制，限制其强度。长输管道一般控制水击的增压速率，采用增加飞轮力矩，设置气压罐、设置增压速率调节系统等办法。

必须明确，在停运站应控制水击的增压速率而不是控制其增压值(在设备强度范围内)，这样既可以防止早先超压，又可实现越站输送。

这里所说的早先超压，是指由于水击增压波迅猛地向上游传播，某部分管线来不及得到上站发送减压波保护而发生的超压。现考察图 8-11 的一个中间泵站停运的情况。逆流而上的增压波于某时刻抵达 x 点，然后再抵达上站；延迟片刻后，泵机组的自动调节或停运保护装置动作，向下游发送减压波，减压波于另一时刻抵达 x 点，减轻或消除掉此点的增压。可见，x 点在下站增压波到达和上站减压波返回这段时间内是得不到上站控制装置的保护的，它在这段时间内的增压仅取决于这段时间的长短和增压速率的高低。如果增压速率很高，x 点就会超压；若该点地势低下(如 x'点)，甚至在增压波来到之时就会超压。这两种超压都是早先超压，早先超压的点叫做水击危险点。

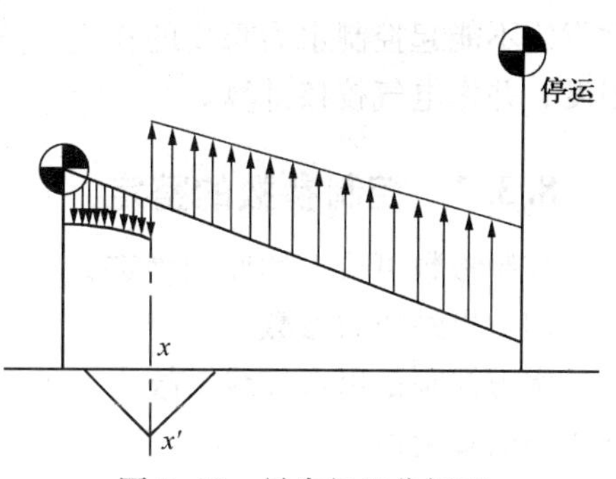

图 8-11 早先超压分析图

若用安全阀或泄压阀控制进站压力，如果把泄放压力整定得略高于该点的实际压力，则当该站停运时阀即泄放，这样能够防止超压，但泄放将一直不停，不仅泄放量大，不干预就会导致溢罐，而且断送了越站输送的前途，若要解决这个问题，就得把泄放压力整定在越站压力之上，但又不能控制增压速率，不能防止可能发生的早先超压。控制增压速率则可解决这种顾此不能及彼的矛盾：它使进站压力逐渐提高以实现越站输送；又大大降低增压速率以防止早先超压。如果用泄放的方法，则泄放可以自动停止。

8.3.6 停运机组自动重接和备用机组自动投运

(1) 停运机组自动重接

电力泵站非正常停运的最常见原因之一是供电中断。重要的管道应有两套供电线路。但短暂地断电仍有可能，故应在变电站的自动系统中设置自动重接器，并使机组具有自动重接启动的功能。这可以降低停运站进口和出口的增压和降压值，相应地减弱增压波和减压波。

从减轻水击上讲，停运机组自动重接当然是越早越好，迟了就会失去意义。但重接的时机受电气系统的限制。泵机组自行启动与正常启动有所不同：启动时电动机在转动、有荷载、可能几台泵机组同时启动、泵机组滑转产生感应电动势。因此，受启动电流、电压降和线圈温升等的限制，同步电动机在停电后需要等待一会儿才能重新启动。这样，泵机组的转速将大为降低；与此同时，进站压力进一步上升，出站压力进一步减小。这两个因素结合在一起，常使几台泵机组同时启动成为不可能，而只得采用依次启动的方法，在大口径输油管道上尤其是如此。不过，若依次启动的时间太长，则传到上站的增压波较大，可能引起其他机组停运，这也是不合理的。因此，停运泵机组自动重接的方案必须从水力和电力两个方面周密地分析和计算。

(2) 备用泵机组自动投运

在泵站有备用泵机组的条件下，可配置备用泵机组自动投运系统。当运行机组发生故障，其自保护装置使之停运时，此系统应立即将备用泵机组投入运行，顶替故障机组。

不言而喻，从故障机组停运到备用机组启动完成所经历的时间越短越好，这取决于停运故障机组和开动备用机组这两个指令的间隔时间，也取决于备用机组完全进入运行状态所经历的时间。自动投运的作用是最大限度地缩短指令的间隔时间。为了缩短投运时间，备用机组应处于启动准备就绪状态，并采用开着排出阀或在开阀过程中启动的办法，关着排出阀启动肯定不能起控制水力瞬变的作用。开着排出阀启动时泵机组的扭矩很大，必须考虑机械的强度，并作电气校核计算。

8.3.7 控制参数的整定

控制参数可按下述原则确定，再用计算机模拟系统的反应，以寻求最佳的整定值。

（1）出站压力参数

水力控制是以点控线，故应立足于点，放眼全线，从下游线路的压力分布情况来确定出站压力的整定值。

图 8-12 表示等壁厚管线的强度图。图中屈服压力为按管材屈服正应力计算的压力；工作压力为按允许正应力计算的压力，供稳态工况设计计算之用，可超载压力是管道运行中临时超载的限制值，美国规定可以在工作压力之上暂时超载 10%，前苏联为 10%~15%。工作压力与可超载压力之间为安全余量。在大多数情况下，出站压力可按工作压力确定，但起伏剧烈的管线还应考察低洼点的压力，例如图中第二泵站下游 C 点的动水压力最大，其出站压力应低于工作压力。此外，若输送量降低，则有些泵站必须停运一些泵机组，有的泵站甚至完全不用，这会导致全线压力分布情况的重大变化。

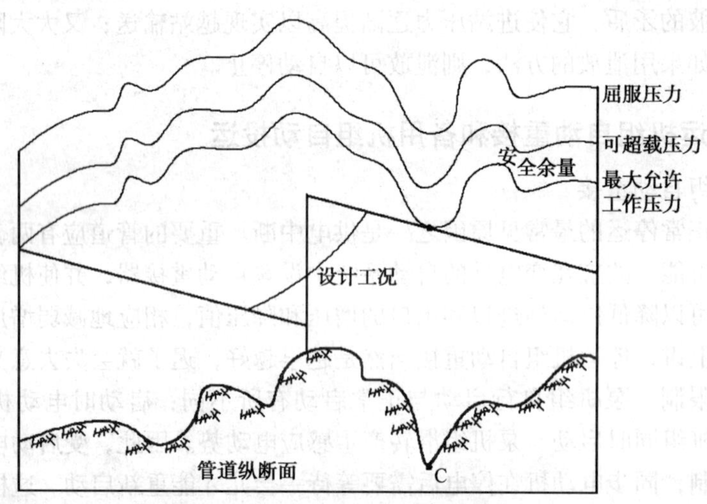

图 8-12　等壁厚管线强度图

如图 8-13 所示，出站控制参数的整定值通常以出站最大允许压力（等于或小于管子的工作压力）为基准，并把它作为调节的整定值，然后参照压力超限值和仪表偏差值确定停机保护的整定值，它处于安全余量之中。调节与停运机组、停运一台与停运另一台或其余机组的动作必须间隔开，不得重迭。

（2）进站压力参数

调节按最小允许进站压力整定，此压力保证泵不发生汽蚀。汽蚀余量取流量最大时的数据。泵样本提供的汽蚀数据已经留有 15%的储备，用以作为安全余量，停运机组的保护参数就整定在其中。由于停运机组一般是延时动作，故不考虑压力超限，这种现象在延迟的时期内多半已经消失。必要时可提高调节的整定值。

若压力超限值和仪表偏差值较大，二者之和超过安全容量，只得降低允许出站压力，或提高允许进站压力，因而会降低管道的输送能力，反之，如果压力超限值和仪表偏差值较

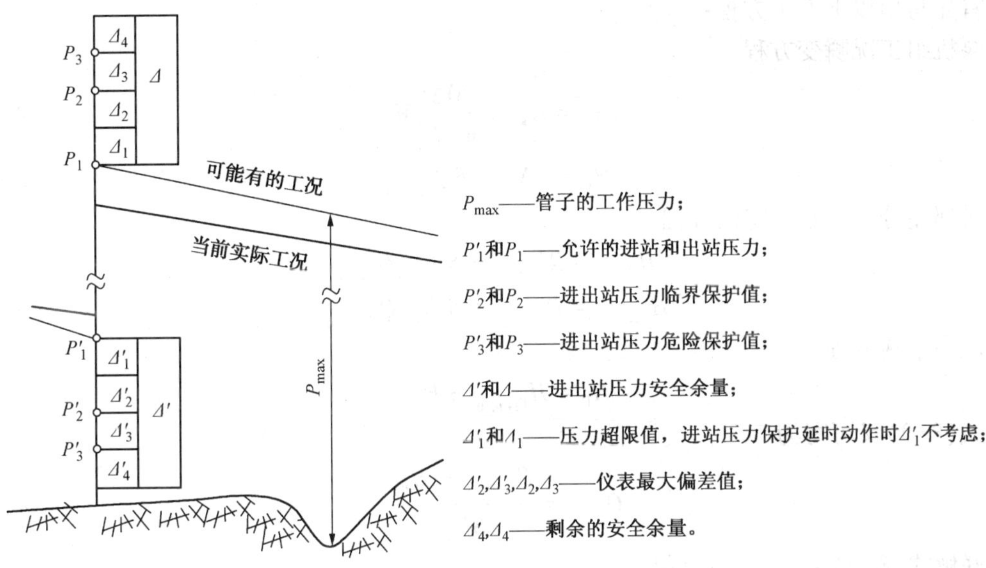

图 8-13 泵站上控制参数的整定

小，能否将调节整定值置入安全余量中以提高管道的输送能力呢？从现行强度计算标准来说是不可以的，但美国有的管道就采用了这种方法。

8.4 几种控制的边界条件

8.4.1 增压速率调节

橡胶套阀式增压速率调节系统与中间泵站构成的边界条件可近似地等效为图 8-14 所示。图中，调节阀阀芯上的弹簧代表橡胶套的张力，蓄能器的出液通道与进液通道分开，其上设止回阀，在进站压力下降时开启，使蓄能器内的液体畅快地流出，保证蓄能器内的气压与进站压力同步下降；h_P 为气体表压力，以液柱计。

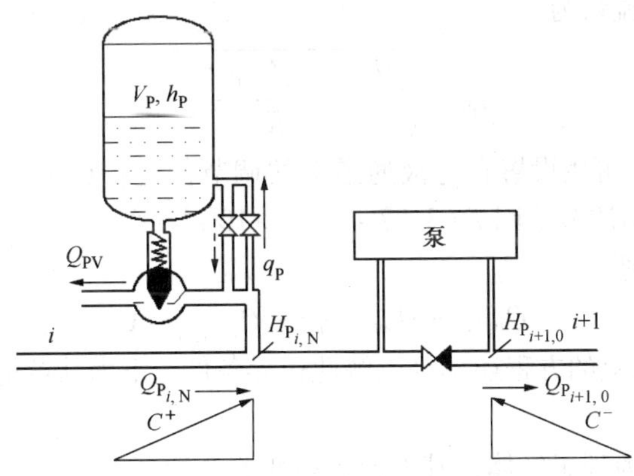

图 8-14 调节系统与中间泵站构成的边界条件分析图

首先写出以下五个方程：

泵机组工况瞬变方程

$$N_P = N_K - \frac{30\Delta t}{\pi m R^2} M_K \tag{8-1}$$

$$H_P = AN_P^2 - BQ_{P_{i+1,\,0}}^2 \tag{8-2}$$

毗邻差分管段水击特征方程

$$H_{P_{i,\,N}} = R_{i,\,N-1}^+ - S_{i,\,N-1}^+ Q_{P_{i,\,N}} \tag{8-3}$$

$$H_{P_{i+1,\,0}} = R_{i+1,\,1}^- + S_{i+1,\,1}^- Q_{P_{i+1,\,0}} \tag{8-4}$$

压头平衡方程

$$H_P = H_{P_{i+1,\,0}} - H_{P_{i,\,N}} \tag{8-5}$$

式(8-3)又可写为

$$Q_{P_{i,\,N}} = \frac{R_{i,\,N-1}^+ - H_{P_{i,\,N}}}{S_{i,\,N-1}^+} \tag{8-6}$$

联解式(8-2)~式(8-5)可得

$$Q_{P_{i+1,\,0}} = \frac{1}{B} - \frac{S_{i+1,\,1}^-}{2} + \sqrt{\frac{(S_{i+1,\,1}^-)^2}{4} + B(AN_P^2 + R_{i,\,N-1}^+ - R_{i+1,\,1}^- - S_{i,\,N}^+ Q_{P_{i,\,N}})} \tag{8-7}$$

橡胶套阀的固有阻力为阀泄放通道的阻力和橡胶套开启的张力，二者都与橡胶套的鼓起程度有关，而其鼓起程度又与流量有关，放阀的流量 Q_{PV} 与压降 ΔH_V 的关系很难用理论力法确定，只得求助于实验。实验结果可表达为(图 8-8)：

$$Q_{PV} = \varphi(\Delta H_V)$$

泄放时，阀进口压力消耗在阀压降、平衡气体压力和克服阀后泄放支线的摩阻上，

$$H_{P_{i,\,N}} = Z_{i,\,N} = \Delta H_V + h_P + fQ_{PV}^{2-m}L$$

由此得

$$\Delta H_V = H_{P_{i,\,N}} - Z_{i,\,N} - h_P - fQ_{PV}^{2-m}L$$

于是，橡胶套阀的流量方程可表达为

$$Q_{PV} = \varphi(H_{P_{i,\,N}} - Z_{i,\,N} - h_P - fQ_{PV}^{2-m}L) \tag{8-8}$$

蓄能器进液通道的流量为

$$q_P = \sqrt{\frac{H_{P_{i,\,N}} - Z_{i,\,N} - h_P}{K}} \tag{8-9}$$

式中　K——阻力系数，可用设置在进液通道上的调节件进行调节，100A81X-16 型双功泄压阀 K 值的调节范围为$(3.87\sim20.7)\times10^8 s^2/m^5$。

根据液流连续性原理：

$$Q_{P_{i,\,N}} - Q_{PV} - q_P - Q_{P_{i+1,\,0}} = 0 \tag{8-10}$$

由于 h_P 的出现，以上的方程还不足以解此边界条件。下面从蓄能器内气体的热力-水力过程推导补充方程。

设蓄能器内的气体为理想气体，其可逆的多变关系为

$$\frac{h_P + h_{atm}}{h_K + h_{atm}} = \frac{V_K^n}{V_P^n} \tag{8-11}$$

式中 P、K——下标，表示不同状态；

h_{atm}——大气压力，以液柱计；

V——气体体积；

n——多变指数，等温过程等于 1，等熵过程等于 1.4，一般可取平均值 1.2；但对双功泄压阀应取 1.4，因为气体是蓄积在传热很差的蓄气囊内。

蓄能器内气体体积因进入液体而减小。设气体体积在时刻 t_1 为 V_1，在 t_2 为 V_2，则有以下关系：

$$V_2 - V_1 = -\int_{t_1}^{t_2} q_P(t)\,dt$$

其时步差分形式为

$$V_P - V_K = -\frac{q_P + q_K}{2}\Delta t \tag{8-12}$$

联解式(8-11)和式(8-12)，消去 V_P，可得：

$$h_P = (h_K + h_{atm})\left(\frac{1}{1 - \frac{q_P + q_K}{2V_K}\Delta t}\right)^n - h_{atm} \tag{8-13}$$

式(8-8)和式(8-13)是隐式，为了使之成为显式，等号右边的参数 Q_{P_V} 和 q_P 可从前面两个时步推算，取为

$$Q_{P_V}^* = (2Q_{P_V} - Q_{K_V})_{前时步} \tag{8-14}$$

$$q_P^* = (2q_P - q_K)_{前时步} \tag{8-15}$$

据此，将式(8-8)和式(8-1a)改写为

$$Q_{P_V} = \varphi(H_{P_{i,N}} - Z_{i,N} - h_P - fQ_{K_V}^{*2-m}L) \tag{8-16}$$

$$h_P = (h_K + h_{atm})\left(\frac{1}{1 - \frac{q_P^* + q_K}{2V_K}\Delta t}\right)^n - h_{atm} \tag{8-17}$$

至此，解算此边界条件的方程已经齐备。N_P、h_P、Q_P^*、q_P^* 四个参数可用式(8-3)、式(8-13)、式(8-14)、式(8-15)直接算出，其他参数的求解则需迭代，迭代计算的方程组由式(8-6)~式(8-10)构成。迭代到式(8-10)达到某种精度为止，流量不平衡值则为

$$\Delta Q = Q_{P_{i,N}} - Q_{PV} - q_P - Q_{P_{i+1,0}} \tag{8-18}$$

迭代的方法是：$H_{P_{i,N}}$依次增加 ΔH，据之计算 $Q_{P_{i,N}}$、$Q_{P_{i+1,0}}$、Q_{PV}(用内插法)、q_P 和 ΔQ，直至 ΔQ 达到规定的精度为止。若 ΔQ 未达到规定的精度而变为负值，则用对分法计算 $H_{P_{i,N}}$，直至 ΔQ 达到规定的精度或对分到规定的次数为止。符合这两项规定的值即为其在本对步的终值。ΔH 赋初值，以后取较前时步增压值大一些的值。

计算流程如图 8-15 和图 8-16 所示，对该站泵机组停运与否都适用。图中，H_N 为该站前时步的进站压头(即 $H_{i,N}$)；h_0 为蓄能器预充气压力，以液柱计；QPU、HPU、QPD，HPD 分别代表 $Q_{P_{i,N}}$、$H_{P_{i,N}}$、$Q_{P_{i+1,0}}$、$H_{P_{i+1,0}}$；ε 为 ΔQ 的给定精度，可取为原稳态值的 1%~2%；ΔH_0 为 ΔH 的初值，可取为 1~3m/s；HST 为泵站内压头损失，这里只用于判断越站；δH 为阀泄放所需最低压差。水力瞬变计算之前，V_P、V_K 赋原稳态时气体的体积，h_P、h_K 赋原稳态时气体的压力，Q_{P_V}、Q_{K_V}、q_P、q_K 为 0。

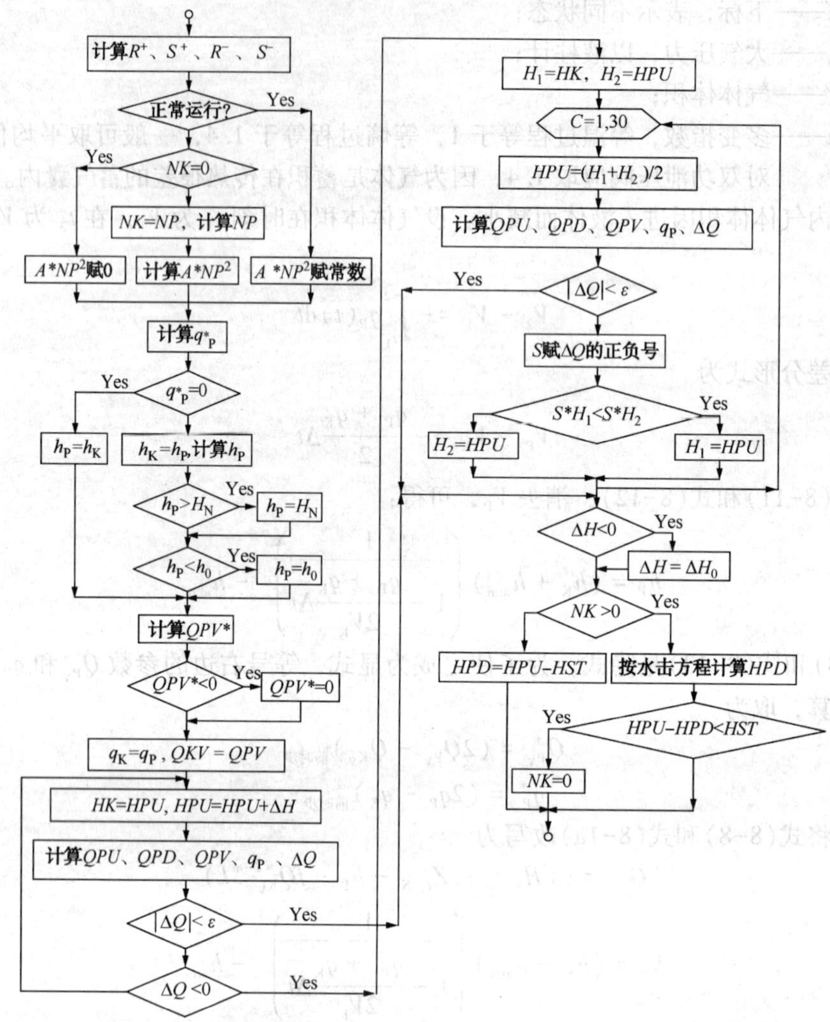

图 8-15　增压速率调节计算流程

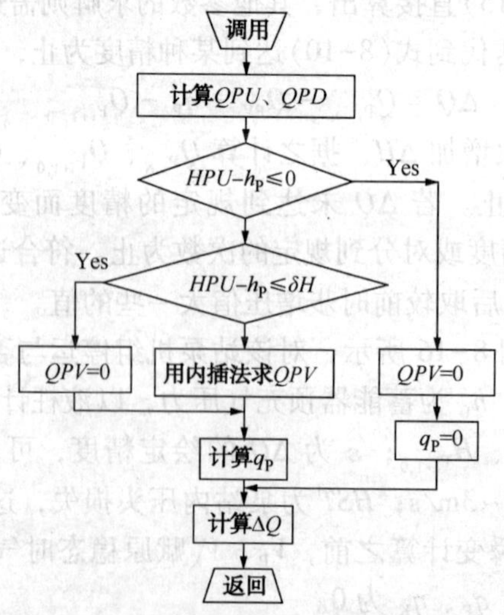

图 8-16　Q_{PU}、Q_{PD}、Q_{PV}、Q_P、ΔQ 计算流程

曾铺设长 1300m 的 $\phi100$ 试验管道，用汽油机泵机组开设两个泵站，在中间站安装双功泄压阀，输送清水，使泵机组断电停运，其进、出站压力的变化情况如图 8-17 所示。又将阀设置在短管道的终端，用汽油机泵机组泵送请水，初始稳态流量为 $40m^3/h$，使终端瞬时截断造成双功阀泄放，该点压力的变化情况如图 8-18 所示。在此水力瞬变过程中，运行泵机组的转速随负荷减少而增高，计算时已计及。

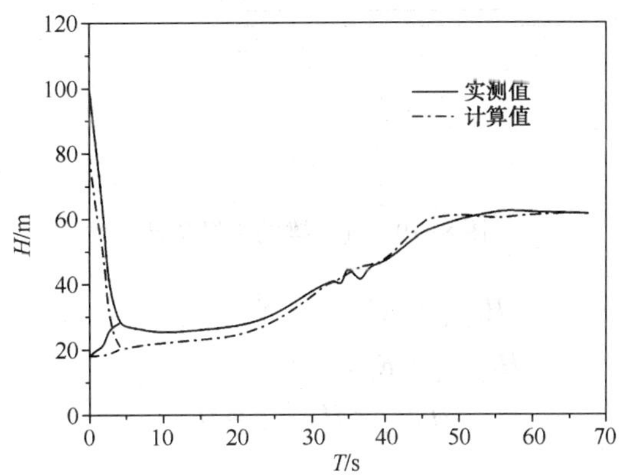

图 8-17　试验管道中间站停运时进、出站压力变化情况

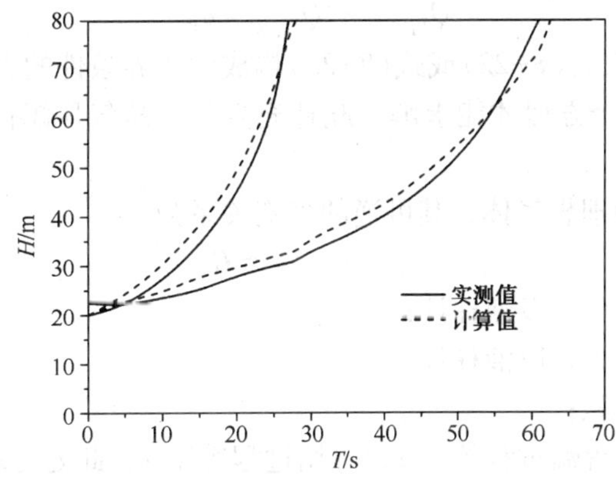

图 8-18　短泵送管道终端瞬时截断时，双功泄压阀控制压力的情况

8.4.2　气压罐

气压罐若能确实发挥其应有的作用，就应有相应的容量；在排出管线上配置气压罐时，配置的数量和地点应恰当，为此，必须进行水力工况的计算。

(1) 水力瞬变计算

图 8-19 表示设置在线路上的气压罐的边界条件。气压罐的容量比前述蓄能器大得多，但为了简明起见，分析时忽略液体在气压罐内的惯性和弹性、罐壳的弹性、罐内液位(是波动着的)与管子高程之向的差别(即取罐内液位高度为 $Z_{i,N}$ 和 $Z_{i+1,0}$) 以及截面(i, N)与($i+1$, 0)之间的摩阻。

可以写出以下的方程：

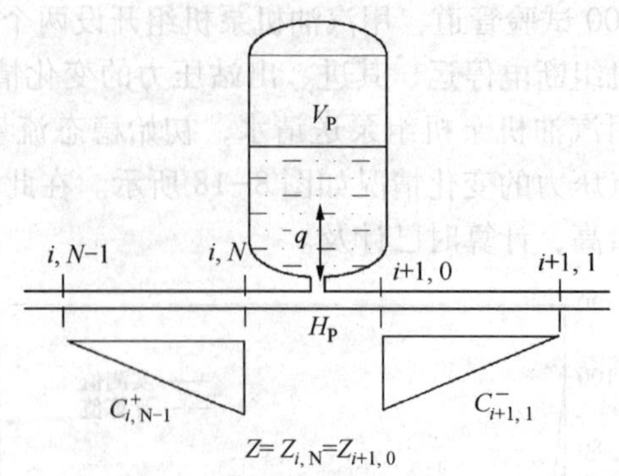

图 8-19 气压罐的边界条件

$$H_{P_{i,N}} = R^+_{i,N-1} - S^+_{i,N-1} Q_{P_{i,N}} \tag{8-19}$$

$$H_{P_{i+1,0}} = R^-_{i+1,1} + S^-_{i+1,1} Q_{P_{i+1,0}} \tag{8-20}$$

$$H_{P_{i,N}} = H_{P_{i+1,0}} = H_P \tag{8-21}$$

气压罐进入液体时

$$Q_{P_{i,N}} - Q_{P_{i+1,0}} = q_P \tag{8-22}$$

气压罐流出液体时

$$Q_{P_{i+1,0}} - Q_{P_{i,N}} = q_P \tag{8-23}$$

式(8-19)~式(8-21)以及式(8-22)或式(8-23)构成此边界条件的方程组，在4个方程中有5个未知数，必须再有一个方程才能求解。此补充方程可从气压罐内气体的热力-水力过程推导出来。

设气压罐内的气体为理想气体，其可逆的多变关系为

$$h_P + h_{atm} V_P^n = G \tag{8-24}$$

式中 h_P——气体瞬变压为，以液柱计；

h_{atm}——当地大气压力，以液柱计；

V_P——气体瞬变体积；

n——多变指数，等温过程等于1，等熵过程等于2，此处可取其平均值1.2；

G——常数。

常数 G 可按气压罐在稳定工况下其内气体的绝对压力和体积计算：

$$G = H_0 V_0^n \tag{8-25}$$

式中 H_0——气体在稳态时的绝对压力，以液柱计；

$$H_0 = h_0 + h_{atm} \tag{8-26}$$

式中 h_0——气体在稳态时的表测压力，以液柱计；

V_0——气体在稳态时的体积。

罐内气体的瞬变压力和瞬变体积显然与进出气压罐的瞬变流量有关。

罐流进液体时

$$q_P = C_{进}\, \omega \sqrt{2g(H_P - h_P - Z)} \tag{8-27}$$

流出液体对

$$q_P = C_{出}\, \omega \sqrt{2g(h_P + Z - H_P)} \tag{8-28}$$

式中　ω——孔口截面积；

$C_{进}$和$C_{出}$——孔口流量因数，二者不等。

罐内气体瞬变体积用下式计算：

$$V_P = V_K \pm \frac{q_P + q_K}{2}\Delta t \tag{8-29}$$

式中，V_K和q_K为前时步已经算出的体积和流量，其初值$V_K=V_0$，$q_K=0$；加减号的确定，进罐为减，出罐为加。

从式(8-24)可得：

$$h_P = G/V_P^n - h_{atm} \tag{8-30}$$

将式(8-29)代入式(8-30)，再将其结果代入式(8-27)或式(8-28)，可以构成只有q_P和H_P两个未知数的关系式，从而得到所需要的补充方程，与式(8-19)~式(8-21)以及式(8-22)或式(8-23)构成非线性方程组。近似的方法可把式(8-29)中的平均流量$(q_K+q_P)/2$用前时步的已知流量q_K代替，将该式近似为

$$V_P = V_K \pm q_K\Delta t \tag{8-31}$$

这样，V_P是已知数，h_P随之成为已知数，从而使计算过程大大简化。

如果气压罐在前时步是流出液体，则本时步仍假定它流出液体，这时用式(8-23)与式(8-19)~式(8-21)以及式(8-23)联解。

从式(8-19)~式(8-21)可得

$$-Q_{P_{i,N}} = \frac{H_P - R_{i,N-1}^+}{S_{i,N-1}^+} \tag{8-32}$$

$$+Q_{P_{i+1,0}} = \frac{H_P - R_{i+1,1}^-}{S_{i+1,1}^-} \tag{8-33}$$

将式(8-28)、式(8-32)、式(8-33)代入式(8-23)可得

$$\frac{H_P - R_{i+1,1}^-}{S_{i+1,1}^-} + \frac{H_P - R_{i,N-1}^+}{S_{i,N-1}^+} = C_{出}\,\omega\sqrt{2g(h_P + Z - H_P)}$$

整理为

$$\left(\frac{1}{S_{i+1,1}^-} + \frac{1}{S_{i,N-1}^+}\right)H_P - \left(\frac{R_{i+1,1}^-}{S_{i+1,1}^-} + \frac{R_{i,N-1}^+}{S_{i,N-1}^+}\right) = C_{出}\,\omega\sqrt{2g(h_P + Z - H_P)}$$

简写为$SH_P-R=C_{出}\,\omega\sqrt{2g(h_P+Z-H_P)}$

等号两边各自乘，整理后得

$$\frac{A}{2}H_P^2 + BH_P + C = 0 \tag{8-34}$$

式中

$$A = \frac{S^2}{gC_{出}^2\,\omega^2} \tag{8-35}$$

$$B = 1 - \frac{RS}{gC_{出}^2\,\omega^2} \tag{8-36}$$

$$C = \frac{R^2}{2gC_{出}^2\,\omega^2} - h_P - Z \tag{8-37}$$

$$R=\frac{R_{i+1,\ 1}^{-}}{S_{i+1,\ 1}^{-}}+\frac{R_{i,\ N-1}^{+}}{S_{i,\ N-1}^{+}} \tag{8-38}$$

$$S=\frac{1}{S_{i+1,\ 1}^{-}}+\frac{1}{S_{i,\ N-1}^{+}} \tag{8-39}$$

若 $B^2-2AC<0$，则说明气压罐流出液体的假定不正确，应改为流入液体的情况计算。仿照上面的推导方法，可得流入液体时计算 H_P 的公式：

$$\frac{A'}{2}H_P^2-B'H_P+C'=0 \tag{8-40}$$

式中

$$A'=\frac{S^2}{gC_{进}^2\ \omega^2} \tag{8-41}$$

$$B'=1-\frac{RS}{gC_{进}^2\ \omega^2} \tag{8-42}$$

$$C'=\frac{R^2}{2gC_{进}^2\ \omega^2}+h_P+Z \tag{8-43}$$

R 和 S 仍用式(8-38)、式(8-39)计算。

计算出 H_P 后，即可用式(8-19)~式(8-23)计算其他未知参数。

掌握上述推导方法之后，就能得知气压罐与泵构成的组合边界的计算方法。

(2) 容量计算

就控制水击而论，气压罐无疑是越大越好，但其大小还要受经济、美观等因素的约束。设置在泵站进口的气压罐，其容量以满足所要求的水击增压速率为准；在排出管线的气压罐则以能够防止液柱分离为度。

气压罐的容量用试算方法确定，即以不同的容量进行计算，寻找出较为恰当的容量。

以下研究排出管线上气压罐容量的确定方法。

首先，在正常工况下罐内气体应有最低限度的体积 V_{min}，以阻止停泵后排出管向压力下降过度。开始取一个数值进行水力瞬变计算，若不能满足要求，增大体积再计算；若已能满足要求，减小体积再计算。找到了恰当的气体体积后，也就确定了罐内的最高液位，加上富余量，即为应采用的 V_{min}。

然后，以此 V_{min} 再进行水力瞬变计算，直到罐不再流出液体，开始流入液体为止，这对气体体积最大，为 V_{max}。气压罐的容量一般可取为 $1.1V_{max}$。

恰当地配置气压罐可以减小其容量。对于某些管道，气压罐分散配置可以改善对液柱分离的控制效果，并减少投资。

8.4.3 进气阀

按图 8-20，可写出下面的方程：

$$H_{P_{i,\ N}}=R_{i,\ N-1}^{+}-S_{i,\ N-1}^{+}Q_{P_{i,\ N}} \tag{8-44}$$

$$H_{P_{i+1,\ 0}}=R_{i+1,\ 1}^{-}+S_{i+1,\ 1}^{-}Q_{P_{i+1,\ 0}} \tag{8-45}$$

$$H_{P_{i,\ N}}=H_{P_{i+1,\ 0}}=H_P \tag{8-46}$$

设进气阀整定在 H_P 小于某值时开启进气，则在此之前，$Q_{P_{i,N}}=Q_{P_{i+1,0}}$，上述方程组可以求解；此后，$Q_{P_{i,N}} \neq Q_{P_{i+1,0}}$，必须有补充方程。

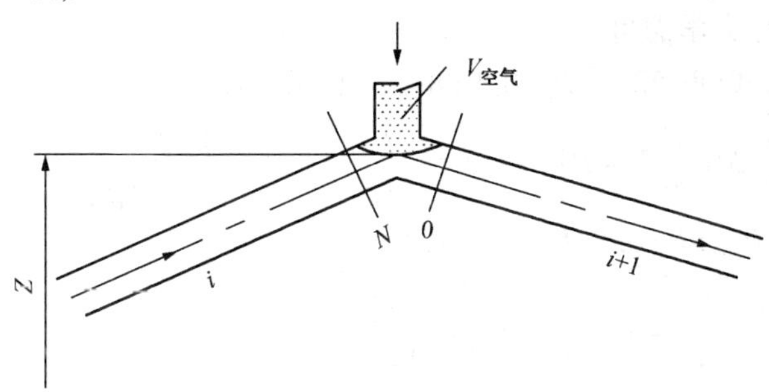

图 8-20 进气阀的边界条件

以下推导进气时的工况，假定：

① 空气进入是等熵的；

② 进入的空气聚积在阀处，不被液流带走；

③ 管内空气的膨胀和压缩是等温的。

若时步 Δt 很小，此时步开始进入管内的空气的物质质量为 m_K(其初值为 0)，则在此时步终了时其质量应为

$$m_P = m_K + \frac{dm}{dt}\Delta t \tag{8-47}$$

式中 $\frac{dm}{dt}$——空气进入管内的质量流量。

进入空气的体积应满足连续定理，即

$$V_P = V_K + 0.5\Delta t[(Q_{P_{i+1,0}} + Q_{i+1,0}) - (Q_{P_{i,N}} + Q_{i,N})] \tag{8-48}$$

式中 V_K——该时步开始时管内空气的体积，初值为 0。

将式(8-44)~式(8-46)代入式(8-48)可得：

$$V_P = C + 0.5\Delta t\left(\frac{1}{S^+_{i,N-1}} + \frac{1}{S^-_{i+1,1}}\right)H_P \tag{8-49}$$

式中：

$$C = V_K + 0.5\Delta t\left(Q_{i+1,0} - Q_{i,N} - \frac{R^-_{i+1,1}}{S^-_{i+1,1}} - \frac{R^+_{i,N-1}}{S^+_{i,N-1}}\right) \tag{8-50}$$

管内空气绝对压力 P 为

$$P = \rho g(H_P - Z + h_{atm})$$

由此得

$$h_P = \frac{P}{\rho g} + Z - h_{atm} \tag{8-51}$$

式中 Z——进气阀距基准面的高度；

h_{atm}——大气压力，以液柱计。

按克拉珀龙方程：

$$PV_P = \frac{m_P}{M}RT \tag{8-52}$$

式中 M——空气的摩尔质量，约为 29；

R——摩尔气体常数，等于 8.31J/(mol·K)；

T——液体的热力学温度。

将式(8-49)代入式(8-52)，H_P用式(8-33)代替，得：

$$\left(m_K+\frac{dm}{dt}\Delta t\right)\frac{R}{M}T=P\left[C+0.5\Delta t\left(\frac{1}{S^+_{i,N-1}}+\frac{1}{S^-_{i+1,1}}\right)\left(\frac{P}{\rho g}+Z-h_{atm}\right)\right] \tag{8-53}$$

按流体力学，在 $P_{atm}>P>0.53P_{atm}$ 的范围内：

$$\frac{dm}{dt}=C_d\omega\sqrt{7P_{atm}\rho_{air}\left(\frac{P}{P_{atm}}\right)^{1.43}\left(1-\frac{P}{P_{atm}}\right)^{0.286}} \tag{8-54}$$

在 $P\leqslant 0.53P_{atm}$ 的范围内：

$$\frac{dm}{dt}=0.686C_d\omega\frac{P_{atm}}{\sqrt{RT_{air}}} \tag{8-55}$$

式中 C_d——阀的流量因数；

ω——阀座开孔面积；

P_{atm}——大气压力；

ρ_{air}——空气在绝对大气压力 P_{atm} 和热力学温度 T_{air} 下的密度；

T_{air}——空气进入管线前的热力学温度。

将式(8-54)或式(8-55)代入式(8-53)，得到非线性方程：

$$f(P)=0$$

可用牛顿迭代法求解。

将 P 代入式(8-51)可求得 H_P；将 H_P代入式(8-49)可求得 V_P；将 V_P代入式(8-52)可求得 m_P；将 H_P代入式(8-44)~式(8-45)可求得 $H_{P_{i,N}}$、$Q_{P_{i,N}}$、$H_{P_{i+1,0}}$、$Q_{P_{i+1,0}}$。至此，本时步终了时的各参数都已算出，可以进行下一时步的计算。一直计算到 H_P达到某值，进气阀关闭为止。

如果进气阀可以排气，在管内压力超过外界压力时就向外排气。此边界条件可用类似的方法推导出来，推导时式(8-47)和式(8-53)中的 dm/dt 应取负号。

8.4.4 回流保护

如前所述，回流可以作为防止泵机组排压过高和进压过低的保护手段。图 8-21 表示回流保护系统，当进站压力低于整定值或出站压力高于整定值时，回流阀即开启。

由于回流管有一定的长度，但一般大大小于 $a\Delta t$，不能成为一个差分段，故其水力瞬变计算难以用弹性水击理论，而不得不采用刚性水柱理论，即把回流管当作惯性部件来处理。可以写出泵站在回流情况下的方程组：

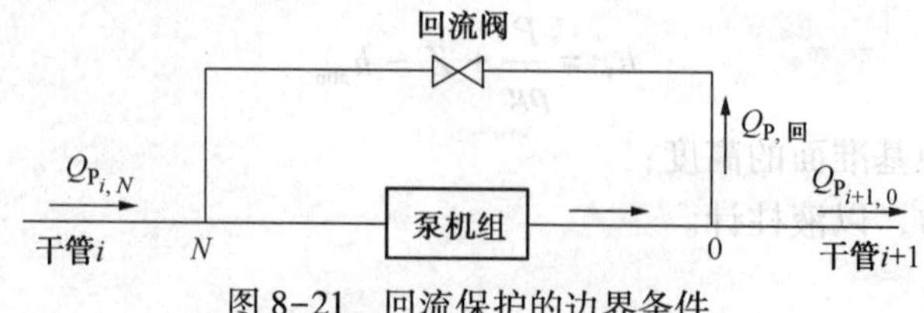

图 8-21 回流保护的边界条件

(1) 干管特征方程

$$H_{P_{i,N}}=R^+_{i,N-1}-S^+_{i,N-1}Q_{P_{i,N}} \tag{8-56}$$

$$H_{P_{i+1,0}} = R_{i+1,1}^{-} + S_{i+1,1}^{-} Q_{P_{i+1,0}} \tag{8-57}$$

（2）回流管运动方程

对于全开全关式回流阀，可把阀的阻力计入管子的摩阻系数中。参考式(5-33)，回流管内液流的运动方程为

$$H_{P_{i+1,0}} - H_{P_{i,N}} - 2\left(f \mid Q_{KR} \mid^{1-m} + \frac{1}{g\omega\Delta t}\right) Q_{PR} L - H_{i,N} + H_{i+1,0} + \frac{2L}{g\omega\Delta t} Q_{KR} = 0 \tag{8-58}$$

（3）泵压能方程

$$H_{P_{i,N}} - H_{P_{i+1,0}} = A - BQ_{PP}^{2} \tag{8-59}$$

（4）结点流量平衡方程

$$Q_{P_{i,N}} + Q_{PR} - Q_{PP} = 0 \tag{8-60}$$

$$Q_{PP} - Q_{PR} - Q_{P_{i+1,0}} = 0 \tag{8-61}$$

上述方程构成非线性方程组，可用牛顿迭代法求解。若泵性能用数组表达，则上述方程组为线性方程组，较易求解，但其解在泵性能方程的有效区间内才有效，故仍需要试算，寻求有效解。

8.5 管流最优控制基础

前面的分析方珐一直是先给出控制装置的性能，然后模拟系统的反应，通过反复修改控制装置的性能，以寻求能够接受的反应。这是被动的分析方法。

与被动分析法相反，主动分析方法是：按照某种具体要求，寻求实现液流从一种稳定状态转变到另一种稳定状态的控制方法。例如，要求在压力限度内，用最短的时间完成转变，又如，不限制压力，但要求按规定的时间实现转变。不言而喻，就主动控制而论。用主动分析法得到的控制装置的性能一定优于被动分析法，故按该性能进行的控制为最优控制。

最优控制是一个目前研究的热门课题，其实现既依靠软件(分析计算)的支持，又有赖于硬件(控制装置)的实现。实际上，分析计算的结果一般是难以完全实现的，而只能达到较优的控制。

因为控制功能大多可以用阀调节来比拟，故这里以阀调节为例来研究最优控制的基本分析方法，使我们对此课题有一个基础性的了解。

8.5.1 简单“无摩阻”管道的最优控制

“无摩阻”管道指长度短、摩阻小，因而在水力瞬变分析中可以忽略摩阻影响的管道。我们以上游端恒液位，下游端阀门，用减小阀门开度的方法把液流从一种稳态转变到另一种稳态为例，说明如何在压力限度内，用尽可能短的时间实现这一转变。增大阀门开度的最优控制可仿此分析。

（1）阀门三阶段连续调节法

此方法是斯特里特等在 20 世纪 60 年代末期创立的，调节分为三个阶段连续地进行。

① 第一阶段

此阶段是在水击波往返于管线的一个周期内，把阀处的压头线性地增加到最大允许增压

值 ΔH_{max}（图 8-22 中的 $H_m - H_0$）。此周期为：

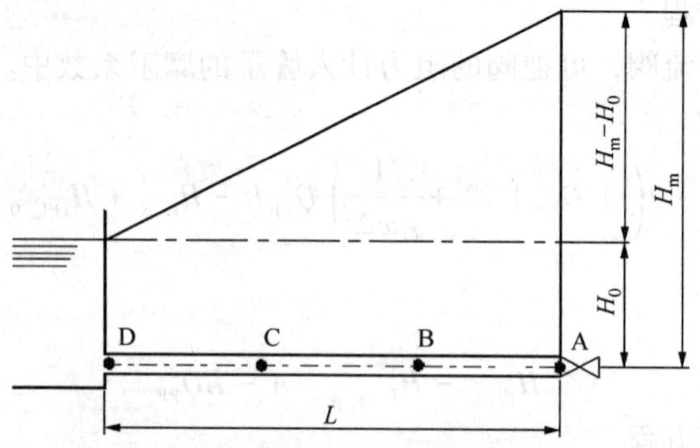

图 8-22 简单“无摩阻”管道示意

$$T = 2L/a \tag{8-62}$$

其间所导致的变化可用图 8-23 来说明，图中 a 和 b 的第一幅图表示从开始关阀起，自右向左传播的直接波，它使管钱各截面(例如 A、B、C、D)上的流量随时间相继减小，压力则增高；第二幅图表示从开始关阀后 L/a 起，自左向右传播的反射波，它使各截面上的流量和压头随时间相继减小，第三幅图表示直接波与反射波的合成。各截面上流量变化的情况是：下游比上游先下降，而上游比下游先加倍下降，在时刻 $2L/a$，各截面上的下降值都是

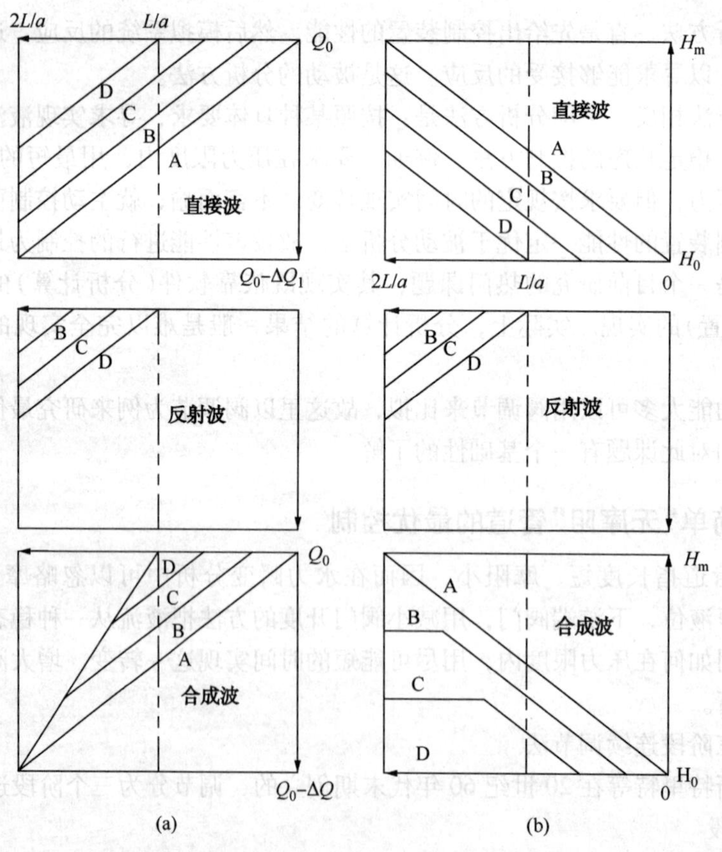

图 8-23 阀门三阶段连续调节法第一阶段原理

$$\Delta Q = \Delta H_{max}/C_W \tag{8-63}$$

$$C_W = a/(g\omega)$$

式中 ΔH_{max}——阀处最大允许压升。

各截面上压头变化的情况是：下游比上游先增高，而上游比下游先达到稳定，在时刻 $2L/a$，线段 AB、BC、CD 的长度与各截面之间的距离成正比，表明各截面的压头位于直线坡降线上。

由此可以确定此阶段的有关参数为：

a. 时间范围

$$t = 0 \sim T_1 \tag{8-64}$$

式中 $T_1 = T = 2L/a$。

b. 阀处的流量

因阀处流量的下降率为 $\Delta Q/T_1$，故阀在时刻 t 的流量为

$$Q = Q_0 - \Delta Q t/T \tag{8-65}$$

c. 阀处的压头

因阀处压头的增高率为 $\Delta H_{max}/T_1$，故阀在时刻 t 的压头为

$$H = H_0 + \Delta H_{max} t/T \tag{8-66}$$

式中 H_0——阀处静压头。

② 第二阶段

此阶段的任务是保持阀处压头为 $H_0+\Delta H_{max}$ 不变，并使全线流量不断地减小。

在第一阶段终了的时刻，管线各截面上都有变化速度完全一样的直接波和反射波，二者的压力变化方向相反，恰好互相抵消，流量变化方向一致，因而增强一倍。为了维持阀处压头不变，必须继续关阀以产生直接波去抵消反射波。第二阶段的结束时间应这样确定：若控制完成后的最终流量定为 Q_F，则此阶段应在流量降低到 $Q_F+\Delta Q$ 时即结束，留下 ΔQ 的流量给第三阶段去处理。

由此可以确定此阶段的有关参数为：

a. 时间范围

$$t = T_1 \sim T_2 \tag{8-67}$$

式中 T_2——第二阶段的结束时间。

T_2 这样确定：因第二阶段的流量下降率为 $2\Delta Q/T$。而要处理的流量为 $Q_0-Q_F-2\Delta Q$，故此阶段应结束于

$$T_2 = T + \frac{Q_0 - Q_F - 2\Delta Q}{2\Delta Q/T} = \frac{Q_0 - Q_F}{2\Delta Q}T \tag{8-68}$$

b. 阀处的流量

$$Q = Q_0 - \Delta Q - 2\left(\frac{t-T}{T}\right)\Delta Q = Q_0 - \left(2\frac{t}{T} - 1\right)\Delta Q \tag{8-69}$$

c. 阀处的压头

$$H = H_0 + \Delta H_{max} \tag{8-70}$$

③ 第三阶段

此阶段与第一阶段相反，在 $2L/a$ 的时间内，用降低直接波变化强度乃至变化方向的方法，把全线压头直线地恢复到稳态值，流量降低到 Q_F，情况如图 8-24 所示。

a. 时间范围

$$t = T_2 \sim T_F \tag{8-71}$$

式中 T_F——控制完成的时间：

$$T_F = T_2 + T \tag{8-72}$$

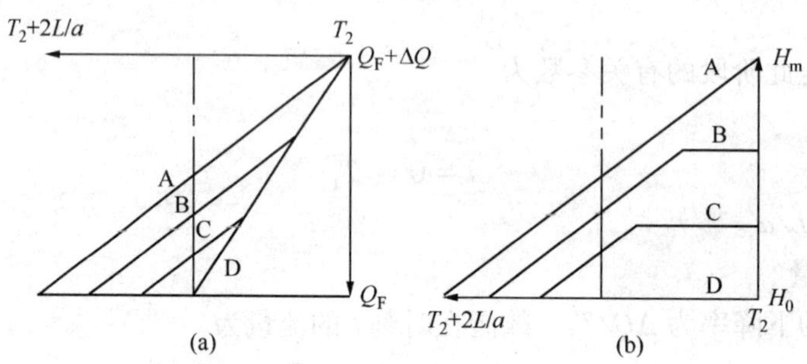

图 8-24 阀三阶段连续调节法第三阶段原理图

b. 阀处的流量

因为此阶段从流量为 $Q_F+\Delta Q$ 开始，其间阀处流量的下降率为 $\Delta Q/T$，故阀处在时该 t 的流量为

$$Q = Q_F + \Delta Q - \left(\frac{t - T_2}{T}\right)\Delta Q = Q_F - \left(\frac{t - T_2}{T} - 1\right)\Delta Q \tag{8-73}$$

c. 阀处的压头

$$H = H_0 - \left(\frac{t - T_2}{T} - 1\right)\Delta H_{max} \tag{8-74}$$

在这以前一直是按管线“无摩阻”，水击过程中无波峰衰减和管线充装的假定进行分析和计算的。不过，在计算阀特性时，若把管线的摩阻计算进去，应是可以减小误差的。为此，阀在各时刻的有效压降可按下面的压头平衡方程计算：

$$H_0 - H_D - fLQ^{2-m} - \Delta H_V = 0 \tag{8-75}$$

式中 ΔH_V——阀处的有效压阵；

H_D——管线终端的恒压头。

在调节之前，各参数必须满足式(8-75)的平衡条件。

阀在时割 t 的流量系数用下式计算：

$$K_V = 3600\sqrt{\frac{10}{\Delta H_V}}Q \tag{8-76}$$

式中，Q 以 m^3/s 计，ΔH_V 以 m 计，K_V以 m^3/h 计。

程序举例：假定：$D=0.2m$，$L=1400m$，$H_0=10m$，$H_D=9.84m$，$Q_D=0.035m^3/s$，不计摩阻，$a=1400m/s$，$K_{Vmax}=1000m^3/h$，$\Delta H_{max}=50m$，$Q_F=0$，取计算所取的时间间隔 $TSP=8$。计算结果如图 8-25 线 1 所示。即若按 $T-K_V/K_{Vmax}$ 的关系关闭阀门，仅用 5.25s 的时间便能在不超压、无残余扰动的条件下使流动截止。若取 $Q_F=0.01m^3/s$，如线 2 所示，说明阀最

后需要稍微开启。

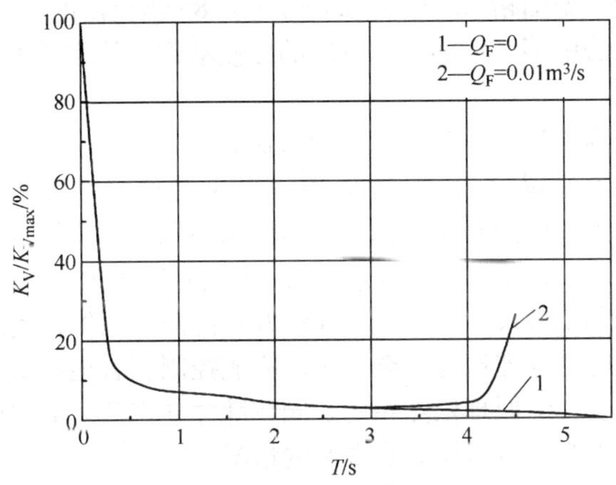

图 8-25 举例数据的计算结果

为表明控制的进行过程，以上面计算出的阀特性，用特征线法(取 $f = 0$)进行计算，各截面上流量和压头随时间变化的情况如表 8-1 所示，由此可证实分析的正确性(微小偏差是在输入阀特性的数据时仅取到小数第二位造成的)。

表 8-1 举例数据用特征线法分析的结果

T/s	Q/(m³/s)					H/m					$(K_V/K_{V_{max}})$/%
节点	0	1	2	3	4	0	1	2	3	4	
0	126	126	126	126	126	10	10	10	10	10	100
0.25	126	126	126	126	121	10	10	10	10	16	15.18
0.50	126	126	126	121	116	10	10	10	16	23	10.36
0.75	126	126	121	116	111	10	10	16	23	29	8.11
1.00	126	121	116	111	106	10	16	23	29	35	6.72
1.25	116	116	111	106	101	10	23	29	35	41	5.74
1.50	106	106	106	101	96	10	22	35	41	47	4.98
1.75	96	96	96	96	91	10	22	35	47	54	4.38
2.00	86	86	86	86	86	10	22	35	47	60	3.87
2.25	76	76	76	76	76	10	22	35	48	60	3.43
2.50	67	67	67	67	67	10	23	35	48	60	2.98
2.75	57	57	57	57	57	10	23	35	47	60	2.54
3.00	47	47	47	47	47	10	23	35	48	60	2.10
3.25	37	37	37	37	37	10	22	35	47	60	1.65
3.50	27	27	27	27	27	10	22	35	48	52	1.63
3.75	17	17	17	23	28	10	22	35	40	46	1.50
4.00	7	7	13	18	23	10	23	27	33	40	1.36
4.25	-3	4	9	13	18	10	15	21	27	33	1.21
4.50	0	-1	4	9	13	10	8	15	21	27	1.03
4.75	0	0	-1	4	9	10	10	8	15	21	0.82
5.00	0	0	0	-1	4	10	10	10	8	15	0.53
5.25	0	0	0	0	0	10	10	10	10	7	0

（2）阀门脉冲式调节法

这种方法是美国的戈德伯格（D. E. Goldberg）于1985年提出的。它采用多次脉冲式调节，消除了三阶段连续调节法中第一，第三两阶段的缓慢动作，使完成控制的时间更短，故又称“快速最优阀调节”。

阀脉冲式调节的基本原理是：若压力不受限制，而只要求控制时间最短且无残余扰动，则首先瞬时地将阀处的流量减少一半，等待 $2L/a$，再瞬时地将阀关死，控制便完成了。因为在第一次关阀时，产生数值为 $0.5C_W Q_0$ 的正惯性水击压力，此压力于时刻 L/a 传播到上游端（恒液位），使全线压力都提高 $0.5C_W Q_0$，流量则降低 $0.5Q_0$；在上游端随即产生数值为 $-0.5C_W Q_0$ 的负惯性水击压力，此压力于时该 $2L/a$ 传播到阀处，消除了全线的增压，并使全线流量为零，于是在此时瞬即把阀完全关闭而完成控制。若最终流量不为零或对压力有限制，控制过程要复杂一些，但原理依然相同。阀作脉冲动作的间隔时间恒为 $2L/a$。

下面研究最终流量不为零且对压力有限制的情况。

设阀处的压头只允许上升 ΔH_{max}，则在每次脉冲调节时，流量变化值不允许大于

$$\Delta Q_{max} = \Delta H_{max} / C_W \tag{8-77}$$

从而限制了每次关阀的行程。

若每次调节前的流量为 Q（首次调节时 $Q = Q_0$），则该次需要调节的流量为 $Q-Q_F$，但如果

$$\Delta Q = \frac{Q - Q_F}{2} > \Delta Q_{max}$$

则只允许节流 ΔQ_{max}，待过了 $2L/a$ 之后再行调节。调节到 $\Delta Q \leqslant \Delta Q_{max}$ 时便可一次完成。

以前述管道为例，运行结果为控制时（4s），比三阶段连续调节法缩短1.25s。

脉冲调节在硬件上难以办到，但可以用近似的方法实施。若前例的最大允许增压为10m，则脉冲调节应按图8-26上线1的规律进行，为便于驱动器的实施，可近似为线2。当然，按近似关系进行调节时，是会发生一定程度的压力超限和残余扰动的。

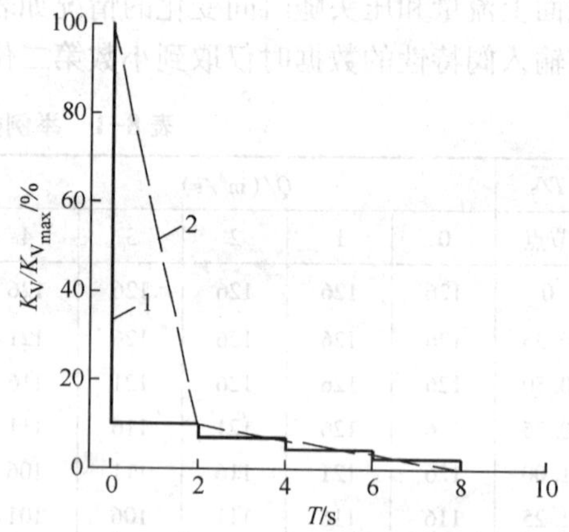

图8-26　把脉冲式调节近似为线性调节

8.5.2　简单摩阻管道的最优控制

在摩阻对管道水力瞬变的影响（波峰衰减和管线充装）不容忽视的情况下，最优控制需用特征线法分析计算。

（1）规定时间的阀调节

这种方法由美国的普洛普森（T. P. Propson）于1970年创立。讽节的要术是：在规定的时间内，完成管道从一种稳定工况向另一种稳定工况的过渡，但此时间必须等于或大于水击波在管道内的往返时间，压力则不受限制。

分析计算仍按 x-t 差分网格的布局进行，但具体方法与前述方法差异很大。如图8-27所示，下游端阀调节时，下三角区为初始工况稳定区，各点的参数恒为初始工况的数值，这已毋需解释。既然要求各点在规定的时间内达到另一稳定工况，就必须使上三角区为最终工况稳定区，而这是可以办得到的。试考察此区内的A、B、P三点，其特征方程可写为

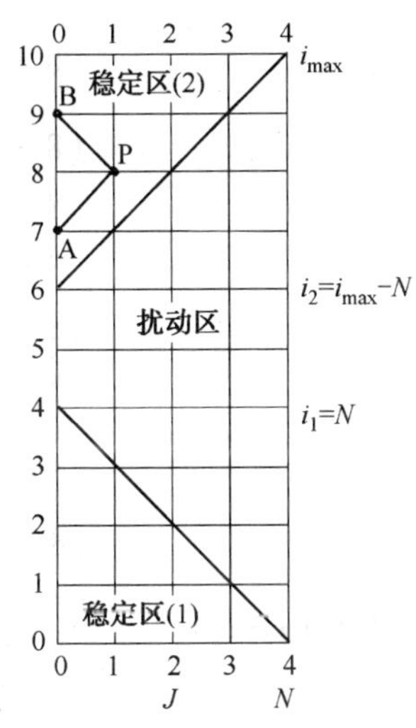

图 8-27　规定时间阀调节的分析图

$$C^+ \quad C_W(Q_P - Q_A) + (H_P - H_A) + f\Delta x Q_P |Q_A|^{1-m} = 0$$

$$C^- \quad C_W(Q_B - Q_P) - (H_B - H_P) + f\Delta x Q_P |Q_B|^{1-m} = 0$$

若 $Q_A=Q_B=Q$，$H_A=H_B=H$，则联解上述二式可得：

$$Q_P = Q$$

$$H - H_P = f\Delta x Q |Q|^{1-m}$$

由此证明了这三点具有稳态关系。依此类推，可证明在上三角区内的各点都具有稳态关系。因此，网格图下端、上端、左端各点参数的数值可以直接确定。

下端各点的参数值为：

$$Q_{0,i} = Q_0 \tag{8-78}$$

$$H_{0,i} = H_0 - Jf\Delta x Q_0^{2-m} \tag{8-79}$$

上端备点的参数值为

$$Q_{i_{max},i} = Q_F \tag{8-80}$$

$$H_{i_{max},i} = H_0 - Jf\Delta x Q_F^{2-m} \tag{8-81}$$

式中　Q_F——最终流量；

i_{max}——最大时步，取下式的整数：

$$i_{max} = T_{max}/\Delta T \tag{8-82}$$

左端各点的压头为

$$H_{i,0} = H_0 \tag{8-83}$$

$0\sim i_1$点的流量为

$$Q_{i,0} = Q_0 \tag{8-84}$$

$i_2\sim i_{max}$点的流量为

$$Q_{i,0} = Q_F \tag{8-85}$$

$i_1\sim i_2$点的流量可在其间线线插值法计算

(8-86)

这里

$$i_1 = N \tag{8-87}$$

$$i_2 = i_{max} - N \tag{8-88}$$

上述各点的参数值确定后，即可按特征线法从左向右计算其他各点的参数值。从前述 C^+和 C^-方程可得：

$$Q_P = \frac{R_A - R'_B}{S_A + S'_B}$$

$$H_P = R_A - S_A Q_P$$

式中

$R_A = H_A + C_W Q_A$

$S_A = C_W + f\Delta x |Q_A|^{1-m}$

$R'_B = H_B - C_W Q_B$

$S'_B = C_W - f\Delta x |Q_B|^{1-m}$

写成适合于编写程序的形式则为(Q_P写成 $Q_{i,j}$，H_P写成 $H_{i,j}$)：

$$Q_{i,\ j}=\frac{R_{\mathrm{A}}-R'_{\mathrm{B}}}{S_{\mathrm{A}}+S'_{\mathrm{B}}} \tag{8-89}$$

$$H_{i,\ j}=R_{\mathrm{A}}-S_{\mathrm{A}}Q_{i,\ j} \tag{8-90}$$

$$R_{\mathrm{A}}=H_{i-1,\ -1}+C_{\mathrm{W}}Q_{i-1,\ -1} \tag{8-91}$$

$$S_{\mathrm{A}}=C_{\mathrm{W}}+f\Delta x\mid Q_{i-1,\ -1}\mid^{1-m} \tag{8-92}$$

$$R'_{\mathrm{B}}=H_{i+1,\ -1}-C_{\mathrm{W}}Q_{i+1,\ -1} \tag{8-93}$$

$$S'_{\mathrm{B}}=C_{\mathrm{W}}-f\Delta x\mid Q_{i+1,\ -1}\mid^{1-m} \tag{8-94}$$

网格上各点的流量和压头计算完毕后，即可计算阀特性：

$$K_{\mathrm{V}_i}=3600\sqrt{\frac{10}{H_{i,\ \mathrm{N}}-H_{\mathrm{D}}}}\quad Q_{i,\ \mathrm{N}} \tag{8-95}$$

主要计算部分的流程如图 8-28 所示，图中 $\Delta Q=(Q_0-Q_{\mathrm{F}})(I-I_1)/(I_2-I_1)$。

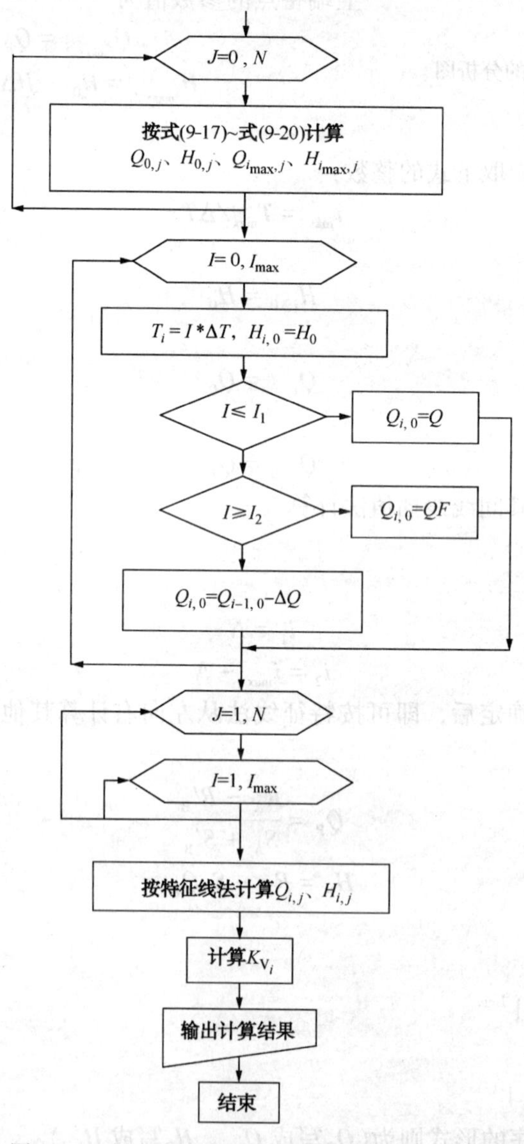

图 8-28　规定时间阀调节计算主要部分的流程图

取：$D=0.2\text{m}$，$L=1400\text{m}$，$H_0=10\text{m}$，$H_D=3.84\text{m}$，$Q_0=0.035\text{m}^3/\text{s}$，$m=0$，$f=3.5\text{s}^2/\text{m}^6$，$a=1400\text{m/s}$，$K_{V_{max}}=1000\text{m}^3/\text{h}$，$N=4$，$T_{max}=5.25\text{s}$，$Q_F=0$。将这些数据置入程序中，运算结果如表 8-2 所示。

表 8-2　举例数据的计算结果

时间 t/s	流量 Q/(m^3/s)					压头 H/m					$(K_V/K_{V_{max}})$/%
	0	1	2	3	4	0	1	2	3	4	
0	126	126	126	126	126	10	8	5	5	4	100
0.25	126	126	126	126	121	10	8	5	5	10	15
0.5	126	126	126	121	116	10	8	12	12	17	10
0.75	126	126	121	116	111	10	8	18	18	23	8
1	126	121	116	111	106	10	15	25	25	30	7
1.25	116	116	111	106	101	10	21	31	31	36	6
1.5	107	107	106	101	96	10	21	38	38	43	5
1.75	97	97	97	96	91	10	21	44	44	49	4
2	87	87	87	87	86	10	22	44	44	56	4
2.25	78	77	77	77	77	10	22	45	45	57	3
2.5	68	68	68	67	67	10	22	45	45	57	3
2.75	58	58	58	58	57	10	22	46	46	57	2
3	48	48	48	48	48	10	22	46	46	58	2
3.25	39	39	39	39	38	10	22	46	46	58	2
3.5	29	29	29	29	34	10	22	46	46	52	2
3.75	19	19	19	24	29	10	22	40	40	46	1
4	10	10	10	19	24	10	22	34	34	40	1
4.25	0	5	5	15	19	10	16	28	28	34	1
4.5	0	0	0	10	14	10	10	22	22	28	1
4.75	0	0	0	5	10	10	10	16	16	22	1
5	0	0	0	0	5	10	10	10	10	16	0
5.25	0	0	0	0	0	10	10	10	10	10	0

（2）规定压力的阀调节

这种调节的要求是：在规定的最大或最小允许压力下，尽快地完成从一种稳定工况向另一种稳定工况的过渡。实施方法仿照前面一节中的三阶段连续调节法。由于在计及摩阻时，压头的变化不呈线性，计算只得求助于特征线法。

① 第一阶段

如图 8-29 所示，此阶段以 $2L/a$ 的时间，把阀处的压头非线性地提高 ΔH_{max}，在全线建立逆流向的压头坡降线。

这里的问题是 Q_1 有多大？图上的下三角区为初始工况稳定区，而上三角区内各截面上的流量是同步而均匀地降低，相邻两点的压头差恒为

$$\Delta H = \Delta H_{max}/N \quad (8-96)$$

按此特点可以依次推算出 Q_1。试考察 A、P、B 三点，A-P的特征方程为

$$C^+ \quad C_W(Q_P - Q_A) + (H_P - H_A) + f\Delta x Q_P | Q_A |^{1-m} = 0$$

因在上三角区内，$H_P-H_A=\Delta H$，故可得到

$$Q_P = R''_A/S_A$$

而在此区内，$Q_B=Q_P$，故

$$Q_B = R''_A/S_A$$

式中，$R''_A=C_W Q_A-\Delta H$，$S_A=C_W+f\Delta x | Q_A |^{1-m}$。写成适合于编写程序形式为：

$$Q_{i,0} = R''_A/S_A \quad (8-97)$$

式中

$$R''_A = C_W Q_{i-1,0} - \Delta H \quad (8-98)$$

$$S_A = C_W + f\Delta x | Q_{i-1,0} |^{1-m} \quad (8-99)$$

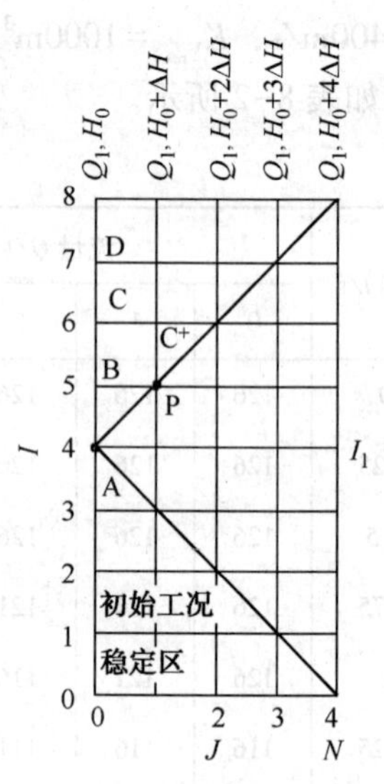

图 8-29　规定压力阀调节的第一阶段

这就是推算上面一条长对角线以上区域左端各点流量的通式。

图上两条长对角线之间的区域按式(8-89)、式(8-90)计算。

② 第二阶段

这阶段的任务是保持逆流向的压头坡降线不变，使各截面上的流量继续同步地降低。如图 8-30 所示，其左端各点的流量仍用式(8-97)依次推算，当推算到

$$Q_{i,0} \leqslant Q_F \quad (8-100)$$

时，取

$$I_2 = I,\ I_{max} = I_2 + N \quad (8-101)$$

分别从左端的 I_2-1 和 I_2 两点引出长对角线，下面一条长对角线

与图 8-29 上面一条长对角线之间的区域按下式计算：

$$Q_{i,j} = Q_{i,0} \quad (8-102)$$

$$H_{i,j} = H_0 + J\Delta H \quad (8-103)$$

③ 第三阶段

这阶段的任务是使全线最终稳定工况。图 8-30 上两条长对角线之间的区域按式(8-89)、式(8-90)计算。上三角区为最终工况稳定区。

完成的控制时间为：

$$T_{max} = I_{max}\Delta T \quad (8-104)$$

式中　ΔT——时步。

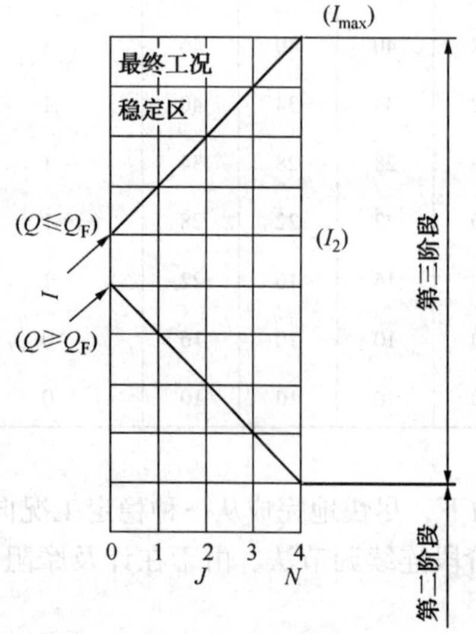

图 8-30　规定压力阀调节的第二，第三阶段

若 $Q_{i2,0}<Q_F$，则此时理应略小于 T_{max}。

主要计算部分的流程如图 8-31 所示，图中 ΔH_0 和 ΔH_F 为一个差分段在流量为 Q_0和 Q_F 时的摩阻损失。

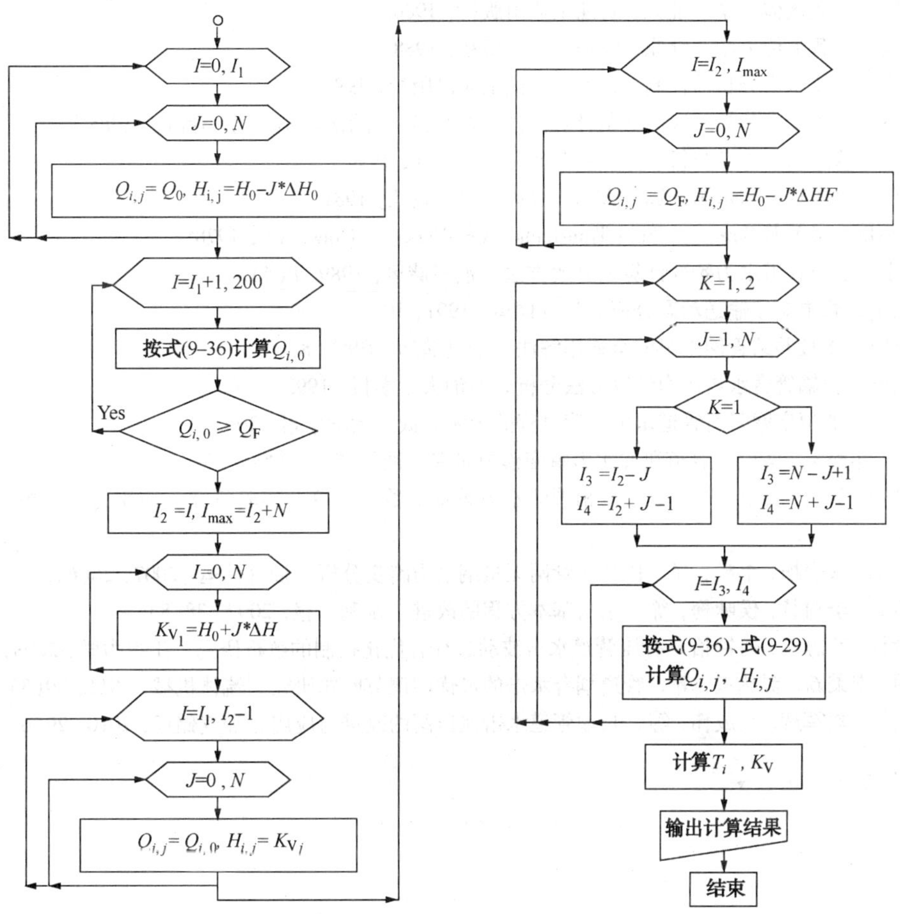

图 8-31　规定压力阀调节计算主要部分的流程图

参 考 文 献

[1] 章梓雄，董曾南．粘性流体力学．北京：清华大学出版社，1998.
[2] 袁恩熙．工程流体力学．北京：石油工业出版社，1986.
[3] 潘文全．工程流体力学．北京：清华大学出版社，1988.
[4] 蒲家宁．管道水击分析与控制．北京：机械工业出版社，1991.
[5] 苏尔皇．管道动态分析及液流数值计算方法．哈尔滨：哈尔滨工业大学出版社，1985.
[6] 张国忠．管道瞬变流动分析．东营：石油大学出版社，1994.
[7] 王树仁．水击理论与水击计算．北京：清华大学出版社，1981.
[8] E B Wylie and V H Streeter. Fluid Transients. New York：McGraw-Hill，1978.
[9] 蒲家宁．复杂管道水力瞬变计算的有效方法．油气储运，1989，8(4).
[10] 蒲家宁．管道顺序输送动态分析．油气储运，1991，10(3).
[11] 蒲家宁．多枝共结管网工况的全通用解法．油气储运，1989，8(3).
[12] 张国忠．长输管道水击压力计算方法分析．石油大学学报，1993，17(3).
[13] 李进平．非恒定摩阻对管道水力过渡过程的影响．武汉大学学报，2002，35(2).
[14] 聂平，邓松圣，文俊．管道泄漏水力瞬变模拟研究．油气储运，2006，25(7).
[15] 包日东，刘刚，龚斌，等．气液两相管流水力瞬变的数值计算及实验研究．应用力学学报，2006，23(4).
[16] 赵会军，张表松，李辉，等．树枝状管网无量纲水力瞬变分析．油气储运，2007，26(6).
[17] 杨玲霞，李树慧，侯咏梅，等．水击基本方程的改进．水利学报，2007，38(8).
[18] 曹慧哲，贺志宏，何钟怡．有压管道水击波动过程有优化控制的解析研究．工程力学，2008，25(6).
[19] 陈明，李秉新，贾丛玉，等．管道耦合水击的最优阀调节问题研究．流体机械，2011，39(3).
[20] 李云昌，刘军辉，续成伟，等．长输管道水击泄压阀的改进与应用．油气储运，2010，29(6).